新手种菜零失败

从入门到精通

[日] 新井敏夫　监修　夏雨　译

机械工业出版社
CHINA MACHINE PRESS

目 录

享受家庭菜园的乐趣
70种 蔬菜的栽培方法

根菜类 10 种

叶菜类 28 种

中国蔬菜类 4 种

香料类 7 种

吃起来美味，种起来快乐

种植蔬菜的基本要领

索引

享受家庭菜园带来的乐趣

在庭院里搭架，以菜豆为中心，周围种上较为低矮的生菜类蔬菜等。如同打理花园一般来考虑如何打理家庭菜园，这也是乐趣之一。

VEGETABLE

家庭菜园可以带来多种乐趣，比如用打理花园的经验来打造华丽的家庭菜园，又比如在菜园里培育少见的或有地域限制的蔬菜品种。

摄影：ARSPHOTO 企划　　插画：高泽幸子

大部分蔬菜都喜日照，因此在同时种植多种蔬菜品种时，关键在于不能遮挡彼此需要的阳光。

在规划菜园时，要重视如何规划才能打理方便。如上图所示，将菜园用隔板分隔成多个空间并在中间用遮挡物隔开，更便于打理。

趣味观赏，享受美味，精致的蔬菜栽培

　　家庭栽培并不是为了生计，而是为了自己和家人能享受到美味的蔬菜。如果有在家里种花养草的想法，不如试试种植可以吃的蔬菜，这样也许更有意思。虽然开始种植蔬菜的契机各不相同，但是确实有越来越多的人希望通过自力更生来获取自己吃的食物。

　　近年来，日本各地的市民菜园、分割后用于出租的农民菜园等不断增加，受到许多人的欢迎。有人在自家院子里开辟一小块地来种植蔬菜，也有人在阳台、厨房里放上种植蔬菜的容器。

　　我们不仅可以种植蔬菜，还可以让蔬菜变得具有观赏性。让植物融入日常生活，感受栽培和观赏的喜悦，这样的蔬菜栽培真的十分有趣！

自给自足的蔬菜，吃得更加安心

　　最近，人们越来越重视食品安全。

　　过去，弯弯曲曲的茄子和叶片上有虫洞的萝卜等"卖相不佳"的蔬菜都不会被摆在店里销售。

享受家庭菜园带来的乐趣

番茄结出累累果实，从下面开始渐渐变红。这是只有家庭菜园才能收获到的新鲜蔬菜，品尝到的蔬菜本味。

但是比起外观和成本，人们更希望能吃到放心的蔬菜。那么，不妨自己开辟一小片菜园，亲手种植是吃到安心蔬菜的捷径。

亲手种植蔬菜的喜悦与乐趣

现在有各种各样的蔬菜栽培方法。有机蔬菜很受人们欢迎，但是对于初次接触蔬菜栽培的新手来说，一开始就采用无农药、只用有机肥料的种植方法，其实是相当困难的。还是先让我们把目标设定为提高产量吧。

在炎热或严寒的天气下，蔬菜栽培会遇到许多困难，也十分辛苦，但是能亲眼看到蔬菜的成长过程是十分有趣的，这还会成为孩子们的趣味经验。现在还出现了园艺疗法，即通过翻土、种植植物，可以让疲惫的心灵恢复精神。不妨把蔬菜栽培当作释放压力的一种途径。

市民菜园等地方已经变成了一种社交场所，还会举办爱好者们的聚会。老年人也将此作为一种兴趣，借此机会让身体动起来，与更多的人进行交流。不论男女老少，都能在蔬菜栽培里找到属于自己的乐趣。

西蓝花、甘蓝、葱、明日叶、韭菜。比起大量采收，不如以多品种的采收作为目标，这样一年四季都能品尝到时令蔬菜。

洋葱渐渐成熟，但是还没到采收的季节。家庭菜园培育出的洋葱有着市面上的洋葱所没有的鲜美。

KITCHEN GARDEN

用栽培
容器打造
厨房菜园

为了享受厨房菜园带来的乐趣，不妨试试将花卉换成蔬菜，挑战外观、味道都很特别的盆栽蔬菜。

在木制花箱里种上菜豆。选择不需要搭架的菜豆品种，如绿色的"亚伦"和黄色的"切诺基蜡"，颜色搭配也非常丰富。

辣椒是厨房菜园里的人气品种，有矮生种和不同颜色的品种，不仅好吃，也能起到装饰作用。

将茄子、紫苏、百里香、生姜分别放入不同的栽培容器里。用组合起来的栽培容器打造厨房花园，还能根据季节调整栽培的品种。

小空间也有大乐趣

即使没有大庭院，也依然可以种植蔬菜，并非只有在广阔的土地上才能进行蔬菜种植。田地的面积越广，所需要的劳动力就越多。如果无法好好打理，最后有可能会变成惨不忍睹的荒地。

不如就在力所能及的范围内进行栽培，我们可以观察每一片叶的生长情况，不需要花费过多精力就可以采收独一无二的、倾注了自身感情的蔬菜。即使失败了影响范围也比较小，还能打起精神，很快从头再来。

家庭菜园不需要非常高的产量，蔬菜品种也可能更加丰富。在小空间里培育多种蔬菜，同样也能体验到采收的喜悦。

KITCHEN GARDEN

宽 60 厘米的容器里栽培了乌塌菜、抱子甘蓝、樱桃萝卜、胡萝卜。

伴生栽培的一个例子。如将迷你番茄和罗勒种植在一起，樱桃番茄的味道会更好。

色彩鲜艳和装饰精致的栽培容器。欣赏各有微妙区别的蔬菜颜色和不同形状也是一种乐趣。组合栽培时应考虑到蔬菜的高矮搭配。

与田地相比，用容器种植蔬菜的好处

随着盆式花园越来越普及，市面上出现了许多设计精巧的盆栽容器。只要注意浇水、施肥等，完全可以自己来种植蔬菜。选择一些较小的品种，培育过程还会更轻松。

容器栽培有各种各样的优点，除了具有观赏性外，还有靠近生活空间、便于打理、不用投入过多的精力、病虫害的处理也更简单、不用担心会种太多而导致浪费等。有些国外的品种并不适应日本的天气状况，但是通过能调节环境的栽培容器，依然可以生长得很好。

观察每天的变化，感受季节变迁

将栽培容器放置在日照好的地方，到了采收期就可以采收到需要的蔬菜，在厨房里将它做成美味佳肴。由于采摘的是最新鲜的蔬菜，便可以品尝到蔬菜原本的味道。

日常生活中就能观察到蔬菜的生长情况，更能感受四季的流转变化。在食用这些蔬菜时，身体也体验到季节感。

以红加仑为中心，周围虽然都是
甘蓝等十字花科的蔬菜，但品种
不同，颜色也各不相同。选择相
同种类不同品种的蔬菜，既方便
管理，视觉效果也更好。

左边是鼠尾草，右边是薰衣草，中间是旱金莲，非常适合和蔬菜搭配食用。

HERB GARDEN

享受草本花园带来的乐趣

草本香料类植物的魅力不仅在于香气和味道，还在于其药用成分及易栽培的特点。

草本香料类植物作为西餐中不可缺少的调料，已经彻底融入了很多人的日常生活。在烹调、喝茶时，摘取所需的新鲜草本香料类植物，或者取用经干燥保存的。有许多使用这些功效丰富的植物的方法。若在花园里种上一些，享受的乐趣也会增多，还能尝试更多的菜肴种类。这类植物的种类繁多，不如选种一些好看的，打造出属于自己的魅力花园。

凤梨薄荷、百里香、迷迭香和洋甘菊。路过时能闻到层次丰富的香气，令人禁不住深呼吸。

享受家庭菜园的乐趣

70 种蔬菜的栽培方法

说明

本书以日本东京地区的环境为基准，对蔬菜栽培的方法进行说明。以打造家庭菜园、采收家庭的食用量为目标，并非以盈利为目的。

栽培月历

本书以日本东京地区的天气为基准，栽培的起始时间、打理时长、采收时期均作为参考。

图片

本书介绍的蔬菜以市面上常见的品种为主，但并非所有图片都是基本品种。

※ 需要使用农药前先向相关园艺商店等进行咨询。

櫻桃番茄（维生素 ACE）

番茄（黄寿）

番茄（桃太郎）

[果菜类]

番茄、樱桃番茄 茄科

家庭菜园中不可或缺的高人气蔬菜

[栽培月历]

月	1	2	3	4	5	6	7	8	9	10	11	12
定植、采收				定植				采收				
田间管理				搭架		摘心						
					铺干草							
施肥				基肥	追肥							

栽培要点

不能和其他茄科植物种在一起
肥沃的土壤
防治病虫害
盛夏之前完成培育

■ 特性

番茄一年四季都可以上市，但它其实是属于盛夏时节的时令蔬果。番茄原产于南美洲的安第斯山脉地区，喜高温天气和日照。最近，使番茄呈现红色的番茄红素受到关注，它是一种具有强抗氧化作用的营养物质。番茄不仅可以生食，还可以制成多种加工食品。

■ 品种

在夏天采收的生食品种有"大型福寿""强力米寿"等。在家庭菜园中种植时，最好选择抗病性强的品种。还有一些受欢迎的其他品种，比如"桃太郎""桃太郎 EX"等；中等大小的番茄品种有"福迪卡""路易 60"；具有观赏价值的樱桃番茄的品种则有"佩佩""迷你卡罗尔"等高生种，以及"泰尼提姆""瑞吉娜"等矮生种。

16

● 最终的摘心

在病虫害和高温干旱天气导致落果前，最好在 8 月中旬完成采收，为此，7 月上、中旬，留下第 5 花序。将主枝摘心。上面的叶片留下 2~3 片。

22
21
第 5 花序
20
19
18
第 4 花序
17
16
15
第 3 花序
14
13
12
第 2 花序
11
10
9
第 1 花序
8
7
6
5
4
3
2
尽快摘除侧芽
1
子叶

在第 6 花序的下方摘心后，上面的叶片留下 2~3 片。

● 樱桃番茄的摘心

连续摘心整枝时，在第 2 花序结果后摘心并固定，第 1 花序下方的侧芽仅留 1 个。另外的侧芽也进行同样处理，在第 4 花序结果后固定，保留第 3 花序下方的侧芽。反复 3 次后则可以固定。

迷你卡罗尔

保留下方生长的侧芽

第 1 花序

摘掉其他的侧芽

支柱

■ 番茄的栽培方法

选购幼苗　由于番茄品种繁多，可以在园艺店里通过标签上记载的信息来选择和购买。挑选真叶大且有 8~10 片、颜色好的粗壮幼苗。

栽培地点　最好选择种植在日照好、排水好、土壤肥沃的地方。但是，将番茄、茄子、辣椒和马铃薯等茄科蔬菜种植在同一地块里，容易引起连作障碍。最好种植不同科的蔬菜，如需换种的是茄科品种，则最好间隔 4~5 年。

在栽培前的 2~3 周，每平方米撒上 2 把苦土石灰，仔细翻耕。畦宽 80 厘米，中间挖出深 20~30 厘米的沟，每株施堆肥 1 千克，一把一把地撒上化肥或干燥的鸡粪等，将其混合后回填，翻耕做垄。以土壤中含有适当水分为佳，使用火山灰或砂质土，再次施用堆肥等有机物以增加肥力，栽培后再进行铺干草等田间管理作业。

定植　在气温稳定的 4 月底~5 月初，选择天气暖的上午栽培。苗的间距控制在 50~60 厘米，挖出比育苗盆更宽更浅的坑，注意不弄散幼苗的根，将幼苗种植到坑里。幼苗种好后，将挖出的土壤回填并轻按，使幼苗稳固。若分 2 排种植，将花序朝向通道处，种 1 排时则注意统一将花序朝向同一侧，便于采收。

搭架　种植后，由于是浅种，所以在离根部稍远处放置高 1.5~1 米的支柱。种植 2 排时则选择更高的支柱，外侧放置高 1.5 米左右的支柱，两两交错，形成合掌式搭架。两者都需要增加横杆来加强稳定性。浇灌足够的水分后，用包胶铁丝等轻轻地将支柱固定。

铺干草　所有的田畦都需要铺上厚厚的一层干草。一是防止土壤干燥，二是抑制雨天后的暴晒，对防治病虫害也有一定效果。另外，也可在种植前用塑料薄膜（黑色或绿色）覆盖地面。

摘除侧芽　番茄经常会长出侧芽，为限制果实的数量，更好地利用营养成分，在家庭菜园中一般都是以 1 个芽为中心，供其生长。一旦发现长出来的侧芽，可以用手或剪刀来摘除。

追肥　每 2~3 周施肥 2~3 次，每株撒 1 把油渣或鱼内脏等，稍做过滤，往根上培土。

摘心　真叶长出 8~9 片，最早的花序长好后，下面会按顺序生长，每长出 2~3 片真叶就长出花序。在第 2 花序长好前，发生被冷风吹、肥料不足等问题时，花会掉落。为防止落花和促进花的发育，可以使用植物生长调节剂。留下到第 5 花序为止的花序，更上面的花序则留下 2~3 片真叶后摘心。

1 选择信誉良好的商家购买幼苗，确认品种。最好选择长有 8~10 片真叶的幼苗。

3 可以一开始就设置好支柱。注意不要伤到幼苗根部，将支柱插在离幼苗稍远的地方。

2 间隔 50~60 厘米进行种植。地温低时最好用塑料薄膜覆盖地面。图中的白线含有除蚜虫的成分，将其作为临时支柱。

4 高 1.5 米，左右支柱交错形成合掌式搭架，便于采收且稳固。慢慢地将粗壮的根茎固定住。

■ 樱桃番茄的栽培方法

　　准备 7 号深盆（矮生种使用 5~6 号盆）、兼具排水性和储水性的栽培用土、缓释复合肥。栽培用土可以将赤玉土、腐殖土、蛭石按 5:3:2 的配比混合，如果想更轻，可以将泥炭藓、蛭石、川砂以 4:4:2 的配比混合后，再和苦土石灰混合。先把泡沫塑料放入盆底，再放入少量土，轻轻晃动后将幼苗种到盆内。

　　若盆土干燥，应向盆内浇水。梅雨天气结束后，用腐殖土在上面铺一层，厚度为 2~3 厘米。

　　番茄苗的高度超过 20 厘米后，开始搭架，高生种从第 2 花序结果后开始摘心，第 1 花序下方的侧芽只保留 1 个，将其他的侧芽都摘除。对接下来长出的 3 个花序都采用同样的做法，摘心完成后植株不会再长得更大。结出果实后，每周施 1 次液体肥料，1 个月施 2 次复合肥，每 10 天施 1 次叶面施肥专用的喷剂。

■ 采收

　　因为高温干旱的盛夏天气容易导致落花、病虫害等问题的多发，所以种植后尽快让幼苗长大是关键。在开花后的 45~50 天，从已呈现鲜艳红色的果实开始采收，摘取时将果实横过来会更容易。

5 新芽长得过多则会分散养分。要诀在于尽早地仔细摘除侧芽。

7 只留下需要的茎，将营养集中输送给果实会使番茄长得更好。为防止鸟啄食，给所有番茄都罩上防护网。

6 第1花序的果实长到乒乓球大小时，开始重复2~3次的追肥、中耕、培土。

8 鸟可能会来啄食番茄，也可以利用装水果的网兜等物品来防止鸟害、病虫害。

吃不完的番茄可以做成番茄汁或熬煮成番茄酱备用。对番茄酱的保存容器，应先用蒸锅蒸20分钟进行消毒。番茄酱做好后，将其倒入保存容器，盖子不用盖得太严实，接着再蒸15分钟。冷却后，将盖子盖紧，放进冰箱保存。

■ 病虫害

到了梅雨季节，叶、茎、果实都容易发生叶枯病等疫病，可喷洒百菌清、代森锰锌和克菌丹等。有效做法是不与马铃薯一同种植，铺上塑料薄膜以防止土壤过度潮湿、过度干燥和雨天后的暴晒，铺干草等。青枯病、枯萎病都会导致番茄枯萎，原因均出在根部。土壤很难彻底消毒，因此要做到不与茄科植物连作、选择抗病性强的品种。花叶病的表现为叶片缩小，呈针状，叶片上出现马赛克状的斑点。对患花叶病植株的处理方法只有烧毁。害虫方面，则需要防治蚜虫。

Q & A

如何培育樱桃番茄幼苗

4月左右，在3号盆中撒上3~4粒种子，到长出真叶为止，表面都盖上一层塑料薄膜。真叶长出后，每周施用1次液体肥料，真叶长出3~4片后则间苗，培养至长出6~7片真叶。

茄子 茄科

越晚栽，失败就越少

茄子（久留米大长）

茄子（千两二号）

[栽培月历]

月	1	2	3	4	5	6	7	8	9	10	11	12
定植、采收				定植 ▬▬				采收				
田间管理					搭架 ▬▬							
					摘心 ▬▬	铺干草 ▬▬	反复修剪 ▬▬					
					培土 ▬▬							
施肥				基肥 ▬▬	追肥 ▬▬	▬▬		▬▬				

栽培要点

● 茄科植物不能连作

● 不着急开始，等天气转暖再开始栽培

● 盛夏之前完成培育

■ 特性

茄子的原产地在印度，是夏天的时令蔬果。茄子是各个菜系都能用的万能食材。新手也很少会栽培失败。长势不错的情况下，一直到秋天都可以采收，这一点也很吸引人。

■ 品种

各地区对茄子品种的偏好各不相同，如寒冷地区偏好球形茄子、小圆茄子，日本关东地区则偏好椭圆形茄子，西日本地区偏好中长型茄子、长茄子。根据各个地区的具体情况，市面上有不同的茄子品种可供选择。在各个地区都易于栽培的品种有采收量大的"千两二号""筑阳"等。

■ 栽培方法

茄子喜白天在 20℃以上、夜晚在 15℃左右的高温潮湿环境。茄子的弱点是

●栽培顺序

1 左边的茄苗根茎粗壮、节间紧凑，更易于栽培。栽培前明确品种，避免连作。

2 选择嫁接处有长势良好的新叶的嫁接苗。

3 不再担心晚霜时，浅种幼苗，注意不把根部弄散。排水不好则将幼苗种得更浅。

4 由于浅种，幼苗容易不稳，放置1个30厘米长的临时支柱。地表温度低时需要覆盖地膜。

5 在第1朵花的下面留2个侧芽，尽早摘除其他侧芽。注意摘除不断发出的侧芽。

6 主枝和侧芽长出来后，放置好支柱。为防止夏天的土壤干燥和雨后放晴的暴晒，事先铺干草。

7 在第1个、第2个果实比较小的时候就进行采收，整体会长得更好。果实表皮柔软，新鲜美味。

不耐寒，因此需要等气温稳定后再栽种。

选择幼苗　选择根茎粗壮、节间紧凑的幼苗。也可以选择嫁接枝条的新叶长势良好、抗病性强的嫁接苗。

栽培地点　避免连作障碍。如果是种植茄科蔬菜，换品种则需要间隔 4~5 年。不得不连作时，可以选择嫁接苗。选择日照好的地方，在种植前的 1~2 周，用排水性好的肥沃土壤混合苦土石灰进行翻耕。

●主枝和 2 个侧芽

如果不处理侧芽，侧芽将摄取过多养分，影响果实生长。只留下第 1 朵花下面的 2 个侧芽，尽早摘除其他侧芽。摘除后还会长出新的侧芽，注意细心摘除。只留下主枝和 2 个侧芽。

生长的侧芽
主枝生长
第 1 朵花
生长的侧芽
需摘除的侧芽

因为根部会长得很深，翻耕的深度需要达到 30 厘米以上。

需要起宽 90 厘米的垄，挖好排水沟后，每株各施肥 1 千克堆肥和 1 千克干燥鸡粪，再撒 1 把复合肥，轻轻混合后再把土回填。

定植　不再担心晚霜时，选择暖和、无风的天气进行定植。地表温度过低，对根部的生长不好，此时不用着急定植。盖上塑料薄膜可以提高地表温度，还可以防止土壤干燥。株距为 60 厘米，提前用铁铲或锄头在垄的中央挖出各株间凹陷的部分。

凹陷的部分可以让根部在不散开的情况下浅种，培土并充分浇水。用短的临时支柱可以将幼苗固定得更稳定。

定植后，有可能暂时出现长不大的情况。10 天后，从根部开始生长，整体的长势也会变好。

追肥　茄子是喜欢肥料的蔬菜。定植 1 个月后就会结出果实，每株撒 1 把油渣、鱼渣等有机肥料，再把土回填。之后，每隔 20~30 天追肥 1 次。

摘除侧芽　只留下主枝和 2 个侧芽，即只将第 1 朵花下面的 2 个侧芽留下。在其他的侧芽长出后，需迅速摘除，嫁接砧木的芽也需要摘除。

铺干草　梅雨季节结束后，为避免土壤过度干燥，早晚浇水 2 次。夏天的干燥天气会极大地影响茄子生长。为防止干燥和地表温度上升，在土壤表面覆盖 3 厘米厚的干草或草席。这种方法也可以用来应对雨后放晴的气温上升和防治病虫害。

搭架　主枝、2 个侧芽处各放置 1 个支柱。只有 1 个支柱的情况下，将主枝绑在支柱上。

修剪　枝条缠在一起时，将一部分的枝条剪掉并整枝。日照不好则果实颜色也会越来越不鲜艳。进入 8 月开始大规模的整枝，使其长出新的枝条。整枝后需要追肥，每株需要撒 2~3 勺液体肥料、含有油渣的腐熟肥料等。20~30 天后，再次进行采收时枝条已经重新长出来，可以采收秋茄。

■ 采收

新结出的第 1 个、第 2 个茄子会摄取过多养分，应提前摘除。从第 3 个茄子开始采收。在茄子表皮变硬前采收会更好吃。在凉爽的早晚，用剪刀进行采收。

保存方法　清洗 1 千克保留了蒂的茄子，放入 200 克食盐、1 小勺食用明矾并混合。将茄子放入容器，切 2~3 根红辣椒并放入容器，加入 2 杯凉白开水，盖好盖子，重量会增加到 2 千克。

● **修剪** 从 3 根枝条上长出的茎叶缠到一起，8 月剪除后会长出新芽，进行追肥，在秋天也能采收茄子。

强修剪

剪断靠近根茎的部分，只留下 1 个新芽，用 30 天促进茎叶的生长。

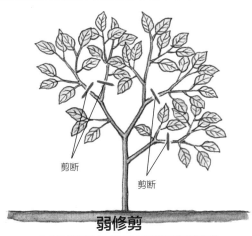

弱修剪

将茎的部分留长一些，用 20 天促进茎叶的生长。

7 月中旬，茎叶生长后缠在一起，由于夏天的高温和干旱，整体状态受到影响。通过修剪可以让茎叶焕发新生。

修剪后，使用多氮肥料来促进茎叶的生长，使其长到修剪前的茂盛水平。

■ 病虫害

因为害虫多，所以需要定期撒药。在夏天，叶片变黄大部分是因为叶螨。需要向叶片喷水清除或撒药。吃叶片的害虫是茄二十八星瓢虫。虫害多发时，可以使用啶虫脒、高效氯氟氰菊酯等农药来防治。秆野螟属的害虫会对植株茎部造成伤害，应对方法只有剪除受虫害的部分。

青枯病、黄萎病是从土壤中感染的，很难进行防治。应尽量选择抗病性强的幼苗。

Q & A

花落后未结果

茄子是一种落花多的蔬菜。雌蕊比雄蕊长，就会结果。但是若因日照不好、温度过热或过冷、营养不足、出现病虫害等原因，雌蕊还没完全发育好，长得很短，很可能无法完成授粉。出现开花后 3 周（夏天为 2 周）仍无法采收的情况时，需要找出原因并积极改善。

黄瓜 （葫芦科）

夏黄瓜易于种植

黄瓜（贴地生长）

黄瓜（青长四叶）

[栽培月历]

月	1	2	3	4	5	6	7	8	9	10	11	12
播种、采收				春黄瓜播种			采收					
					夏黄瓜播种					采收		
田间管理					间苗							
						铺干草						
施肥					基肥	追肥						

※ 田间管理和施肥是针对夏黄瓜的建议。

栽培要点

- 需要肥沃的土壤和充足的追肥
- 铺地膜或干草，防止土壤过度干燥
- 定期撒药，防治虫害

■ 特性

黄瓜有雄花和雌花，其落花、结果受温度和日照的影响。黄瓜原产于印度北部，耐热性强，但持续的高温天气会影响雌花的生长状态。经过多次改良，出现了多种结果习性不同的品种。在家庭菜园，一般会选择苗和搭架的搭配方式，夏天播种并进行田间管理。夏黄瓜是等春季过后再栽种，也被称为"多出来的黄瓜"。

■ 品种

搭架栽培可以选择"夏凉""五月绿"等品种，夏黄瓜可以选择"不露贴地""青长贴地""常绿贴地"等品种。

■ 夏黄瓜的栽培方法

第1次种黄瓜的话，最好选择耐热、耐晒、抗病性好的夏黄瓜品种（主要是贴地生长品种）。比搭架栽培更容易，不用担心失败。

●栽培顺序——夏黄瓜（贴地生长）

1 以 30~40 厘米的间距，使用啤酒瓶底按压出圆形浅坑，每个坑播撒 4~5 粒种子。

4 调整各幼苗的间距后，开始追肥、中耕、培土，铺上干草以防土壤干燥。重复同样的田间管理 2~3 次。

2 使用塑料薄膜罩来保持发芽时的温度。天气转暖后，为避免温度过高，需要通风。

5 黄瓜蔓长出 40~50 厘米后开始摘心，使子蔓等发育并结果。

3 幼苗长大后，将塑料薄膜罩的上半部分撤掉，保持图中状态到真叶长出 4~5 片。

6 在第 1 个结出的果实还未长大时就摘掉，从第 2 个果实开始采收新鲜、表皮柔软的黄瓜。对作物也有好的效果。

栽培地点　选择排水性和通气性好的肥沃土壤。如果土壤贫瘠，在播种前的 1~2 周，先用堆肥、腐殖土和土壤进行混合。挖出宽 90~100 厘米的垄和深 20~30 厘米的沟。每株堆肥 2 千克、撒 2 把复合肥，并与土壤混合。把挖出来的土再回填至高 5~10 厘米。

播种　夏黄瓜大多是贴地生长品种，播种一般是在晚春至初秋进行。春黄瓜则需要在 4 月中旬 ~5 月上旬进行播种。间隔 30~40 厘米，挖好直径为 10 厘米、深 1~2 厘米的圆形坑。可以用啤酒瓶的底部按压出圆形坑。每个坑播撒 4~5 粒种子，把土回填后，浇足水。

塑料薄膜罩　为保持温度、防止对苗的伤害，可以使用塑料薄膜或塑料薄膜罩覆盖幼苗，自制或是购买都可以。

间苗　经过 4~5 天，幼苗就会发芽，由于白天温度达到 25℃以上，为避免高温，需要在塑料薄膜上开洞通风。直到真叶长出 4~5 片，可以逐渐地将塑料薄膜撤掉，调整各株幼苗的间距。

追肥　调整幼苗间距后，在幼苗间各撒上 1 把油渣、鱼渣。之后，每 3~4 周施肥 2~3 次。不仅是在土壤表面施肥，还需要翻耕（中耕），向根部培土。从结出果实到采收结束，都要持续追肥。

1 市面上出售抗病强的南瓜砧木嫁接苗。最好选择节间紧凑、有 2~3 片真叶的幼苗。

2 浅种后浇水。排水好的情况下，让根坨和畦面相平。

5 各株间铺设地膜或干草，防治病虫害。追肥、中耕、培土参考夏黄瓜的栽培方法。

3 参考番茄的搭架方法，合掌式搭架比较稳定且易上手。为方便地提高地表温度，需要使用地膜。

4 种植 2 排，株距为 40 厘米，搭架需要用 2 米高的支柱，引缚黄瓜藤向搭架生长。

6 雌花即使在未授粉的情况下也会生长（单性结实）。黄瓜藤上会结出小黄瓜。

　　铺干草　进入梅雨季节前，需要铺设厚厚的一层干草，以防止土壤干燥或雨后放晴的高温天气。由于根部贴近地表，容易变得干燥，还从大叶片中蒸发出很多水分，一旦大意，很容易导致土壤干燥。

　　摘心　贴地生长品种的藤蔓是横向生长的。长到 40~50 厘米长时，将先端的部分摘掉，使侧芽继续生长。侧芽生长后，只留下 4 根子蔓及孙蔓（子蔓的侧芽）。

■　**搭架栽培法**

　　对搭架栽培来说，重要的是做好应对病虫害的措施。选择长有 2~3 片真叶、节间紧凑的健康幼苗。5 月下旬 ~7 月中旬进行采收。

　　栽培地点　与栽培夏黄瓜的准备一致。畦宽 70 厘米。

　　定植　4 月中旬 ~5 月上旬，选择天气暖和、无风的时候进行浅种，栽培的间距为 40 厘米。注意不弄散根部，定植后浇水。参考番茄的搭架栽培方法完成搭架。叶片长大后容易受到大风的影响，早春等出现强风天气时，使用芦苇席或寒冷纱来保持温度。

　　田间管理　将长出来的藤蔓向搭架方向引缚，使其缠绕在搭架上。子蔓、孙蔓长出 2 片叶后进行摘心。追肥、中耕、铺干草、培土等养护和夏黄瓜的栽培是相同的。

■ 采收

为保持作物的生长状态，在第1个结出的果实未成熟时摘除。之后结出的新鲜黄瓜可以在早上用剪刀来采收。

保存方法 黄瓜适合用盐渍法保存。将1千克的黄瓜清洗后放入容器内，加入事先准备好的150~200克食盐，再放入3根红辣椒，将盖子盖好。

腌黄瓜也是一种保存方法。准备5根黄瓜，4小勺食盐，调味汁（1杯醋、1/2~2/3杯砂糖、1/2勺食盐）、2~3片月桂叶、2~3根红辣椒。

将事先调配好的调味汁煮开，放凉后倒入经煮沸消毒的瓶子，再将黄瓜及其他食材、调味料放入瓶内。

■ 病虫害

黄瓜是一种很容易发生病虫害的蔬菜，和种植番茄、甜瓜、西瓜时相同，需要多加注意。选择不下雨的天气，每2~3周喷洒1次农药。

有棱角的黄色斑点从下面的叶片逐渐往上面的叶片扩散，这种病害是霜霉病，多发于梅雨季节。在雨天后，有必要喷洒有机硫杀菌剂、百菌清等药剂，百菌清对霜霉病也有效果。作为预防，梅雨季节前喷洒1~2次有机硫杀菌剂。蔓割病是由于土传病害导致的，这种情况只能用南瓜砧木培育的嫁接苗。被土传病害感染后导致藤蔓枯死的病被称为蔓枯病，需要注意湿度、肥料是否充足，喷洒甲基硫菌灵农药、有机硫杀菌剂等。

对根部造成损害的是黄守瓜的幼虫。马拉硫磷乳剂对蚕食叶片、果实的成虫有效果。醚菊酯对蚜虫有防治效果。事先将吡虫啉颗粒剂撒在根部周围，被吸收后可以防治虫害。

● **摘心**

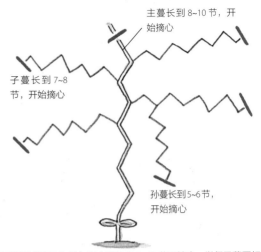

主蔓长到8~10节，开始摘心

子蔓长到7~8节，开始摘心

孙蔓长到5~6节，开始摘心

夏黄瓜（贴地生长）在主蔓长出8~10节后摘心，以便子蔓更好地生长。子蔓长到7~8节后摘心，以便孙蔓更好地生长，孙蔓长出5~6节摘心。

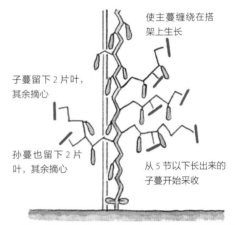

使主蔓缠绕在搭架上生长

子蔓留下2片叶，其余摘心

孙蔓也留下2片叶，其余摘心

从5节以下长出来的子蔓开始采收

使春黄瓜（搭架）的主蔓顺着搭架生长，6节以上的子蔓留下2片叶后摘心，孙蔓也留下2片叶后摘心。

Q & A

黄瓜为什么会越长越弯

在家庭菜园中，黄瓜很受欢迎，大家都想采收形状好的果实。

光线、水分、营养不足和高温干旱会导致果实弯曲或形状不佳。一般来说，雄花开花时，子房的长度在4.5厘米以下则属于发育不全。应施用速效性液体肥料并浇足水。

南瓜 葫芦科

种植少见的品种，观赏也有乐趣

西洋南瓜（MIYAKO）

打木赤皮甘栗南瓜

日本南瓜（小菊）

[栽培月历]

月	1	2	3	4	5	6	7	8	9	10	11	12
播种、采收			播种					采收				
田间管理				间苗 铺干草 摘心	人工授粉							
施肥			基肥	追肥								

栽培要点

选择适合当地的品种

直播，使其适应环境

改良栽培方法，可以在土壤贫瘠的地方种植

■ 特性

维生素和膳食纤维含量丰富、营养价值高的南瓜是烹饪菜肴和制作甜点的高人气食材。只要确保有一定的种植空间就能种植南瓜。藤蔓的生长需要一定空间，但是对土质的要求不高，土壤贫瘠的地方也可以种植南瓜。南瓜原产于中美洲、南美洲的热带区域，应等天气回暖稳定后再进行播种，这样即使是初次种植，也不会失败。

■ 品种

市面上出售的食用南瓜，基本都是西洋南瓜及其杂交品种。西洋南瓜的表皮柔软，热乎乎的南瓜十分美味。"MIYAKO" "EBISU" "栗 EBISU"等品种易于栽培。另外，果皮上有一条条深沟的日本南瓜，口感软糯，品种有"会津早生" "黑皮" "白菊座" "HAYATO"等。迷你南瓜的品种有"栗坊" "普契尼"等。

●藤蔓整枝

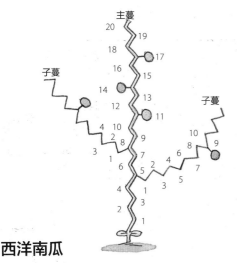

西洋南瓜

不对主蔓摘心。子蔓较少则可以不处理，留下 2~3 根长势良好的子蔓。主蔓结出的果实较多，子蔓在长出 8~10 节后结果。

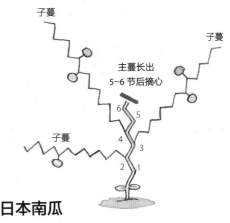

主蔓长出
5~6 节后摘心

日本南瓜

日本南瓜会长出许多子蔓，主蔓长出 5~6 片叶后摘心。留下 2~3 根长势良好的子蔓，注意不要让它们相互缠绕。子蔓长出 8~10 节后结果。

■ 栽培方法

由于南瓜藤的生长需要一定空间，因此常被认为在面积小的家庭菜园里无法栽培，但是利用搭架、栅栏等可以解决空间不足的问题。若种在庭院一角，南瓜藤向篱笆或墙上生长，甚至还可以长到屋顶上。只要考虑好栽培方法，不用挑选土质，在哪里都能种植南瓜。

栽培地点 南瓜之所以能在贫瘠的土质如砂土里生长，是因为它从土壤中吸取养分的能力很强。如果不是第 1 次种植蔬菜的土壤，不需要施过多的基肥。

在播种 1~2 周前，每平方米撒 2 把苦土石灰并仔细翻耕。挖出深 30 厘米、直径为 30 厘米左右的坑；种 2 株以上时，每株最少也需要 90 厘米 ×120 厘米的间距，西洋南瓜还需要更大的间距。撒入 2 把复合肥和鸡粪、堆肥等，将挖出来的土再回填，在培土的同时堆起 2~3 厘米高的土堆。

播种 3 月底 ~4 月中旬进行播种。在土堆上撒上 4~5 粒种子，再覆盖厚 1~2 厘米的土壤，浇足水。另外，还需要加上塑料薄膜罩，搭架栽培则需要覆盖地膜。

间苗 5 天后，种子就会发芽，若生长时挤在一起则需要间苗，3~4 周后苗长成。在最后的 1 株苗长大前仍需要覆盖塑料薄膜罩。尽可能延长塑料薄膜罩的使用时间，使幼苗逐渐适应外部环境。

定植 从幼苗开始栽培，则最好选择长出 3~4 片真叶的健康幼苗，和播种时的准备一样，将南瓜苗移栽到土堆上。在幼苗长大前，需要盖上塑料薄膜罩。

追肥和铺干草（第 1 次） 撒下塑料薄膜罩后，在土堆边使用复合肥等追肥。在周围进行中耕、培土，用干草将根部全部覆盖。

藤蔓整枝 西洋南瓜的果实一般结在主蔓和一部分子蔓的前端，将蔓剪断则可能导致无法采收。只留下 2~3 根长势良好的子蔓，剪断其余子蔓，注意防止藤蔓在生长过程中相互缠绕。搭架栽培时也需要注意固定，使其不重叠。

日本南瓜在子蔓长出 8~10 节后结果。首先，在主蔓长至长 30 厘米、长出 5~6 片真叶后剪断主蔓最前端的部分，摘心后留下 2~3 根子蔓。子蔓会向四周生长。

人工授粉 雄花开花后，在基部膨大成球形的雌花也会开放，昆虫等开始授粉。但是，没有昆

1 挖出直径为 30 厘米、深 30 厘米的坑，施用基肥，回填后堆高 2~3 厘米。

4 塑料薄膜罩内空间不足时，开始间苗，完成后再次盖上塑料薄膜罩，直到最后一株也长大后再撤去塑料薄膜罩。

2 平整后，在上面撒上 4~5 粒种子。在上面再覆盖 1~2 厘米厚的土壤，浇足水。

5 将市面上出售的苗的根部弄散后种进土壤，盖上塑料薄膜罩，根据生长情况，逐渐撤去塑料薄膜罩。

3 为防止鸟害、保持温度，需要使用塑料薄膜罩。发芽之后注意通气。

6 铺干草。在藤蔓生长过程中，日本南瓜需要摘心，西洋南瓜则无须摘心。

虫授粉或雨天、低温导致落花时，将出现无法授粉、无法结果的情况。为保证受粉成功，需要人工授粉。选一天清晨，用摘下花瓣的雄花花蕊触碰雌花的柱头。

追肥和铺干草（第2次） 第1次追肥的10天后，在结出拳头大的第1个果实后，进行第2次追肥。在每株的南瓜藤前部附近撒1把复合肥，和第1次施肥相同，中耕、培土，再铺上干草。南瓜藤不断生长，铺干草的面积也需要相应增加。铺干草既可以保护结出的果实，还可以预防病虫害。为此，尽可能铺厚一些。果实长大后，要将长歪的果实重新固定。

■ 采收

在开花后 45~50 天，西洋南瓜的果皮会变硬，观察情况后开始采收。日本南瓜在开花后 1 个月左右结果。从外观判断，果梗出现纵向裂纹、果实表面失去光泽则适合采收。

两者的采收方法是相同的，用剪刀剪断果梗。如果果实外表无损伤，在室内可常温保存2~3个月。

7 日本南瓜的子蔓留下 2~3 根，都会向四周生长，注意不要使子蔓相互缠绕。

9 早上用摘下的雄花花粉触碰雌花的柱头，更易授粉。

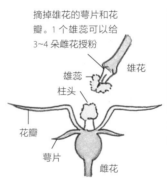

8 南瓜花是黄色的，雌花基部呈球状（如图），雄花则不会如此。

10 授粉后的雌花的基部将会膨大，铺上尽可能厚的干草以保护果实。

● **人工授粉**

雌花开放后，将雄花的花粉与雌花的柱头接触。选择当天早上开放的雄花，尽量在晴天的 8:00 前完成，否则授粉将会变得困难。

摘掉雄花的萼片和花瓣。1 个雄蕊可以给 3~4 朵雌花授粉

雄花
雄蕊
柱头
花瓣
萼片
雌花

霜霉病一般是由于高温、叶片密集、排水差等引起的病害。

放入冰箱则会引起低温障碍。

■ 病虫害

　　病虫害少的情况下，也可以顺利采收南瓜。葫芦科蔬菜都需要注意的害虫是种蝇幼虫，这种幼虫的目标是刚发芽的幼苗，可钻入种子里啃食发芽前的子叶和茎，还会进入茎干内，使其枯萎。一旦发现其幼虫，立即除虫。作为预防，在播种前将二嗪磷颗粒剂撒在土里。不仅是葫芦科，在种植菜豆、甜玉米、大豆时也需要注意。

Q & A

适合狭小空间种植的品种？

　　有些品种的藤蔓基本不会生长，节间紧凑、子蔓少，果实结在苗上。这样的品种还省去了整理藤蔓的精力。市面上销售的品种有"无蔓 YAKKO""利休"等。

西葫芦（黄金西葫芦）

西葫芦 葫芦科

与南瓜同属，花和未成熟的果实皆可食用

西葫芦（BERUNA）

[栽培月历]

月	1	2	3	4	5	6	7	8	9	10	11	12
播种、采收				播种 ▬▬▬▬			采收					
田间管理				间苗 ▬▬								
					人工授粉 ▬▬							
施肥			基肥 ▬▬									

栽培要点

- 趁早采收
- 覆盖地膜或干草来防止土壤干燥
- 注意适当摘叶

■ 特性

西葫芦是无藤南瓜的一种，南瓜属。其绿色或黄色的表皮十分柔软，长得像大号的黄瓜。原产地在北美西部到墨西哥，在意大利培育出的西葫芦品种传播到世界各地。烹饪方法有炸西葫芦、炒西葫芦等，微苦的表皮也别有一番魅力。还有将西葫芦连花一起炸的吃法。维生素含量丰富的西葫芦比南瓜的热量更低。

■ 品种

绿色品种有"戴娜"，黄色品种有"奥鲁姆"等。

■ 栽培方法

栽培地点 土质贫瘠则需要配合施许多堆肥和苦土石灰，事先做好深耕。在播种的 2 周前，每平方米撒 2 把复合肥，挖好 1 米宽的田垄。

1 株距为 50 厘米，用啤酒瓶底按压出浅坑，撒 4~5 粒种子，浇水。到发芽前，需要注意土壤是否干燥。

3 真叶长出 3~4 片后开始间苗。整根拔起，间苗后可铺上干草。之后，即使不多加照料，西葫芦也会茁壮生长。

2 使用塑料薄膜罩，促进嫩芽生长。地温低时可使用地膜，还能促进早期发育。

4 藤蔓不会向四处生长，叶片上出现的类似霜霉病（参考 31 页图）的斑点并不是病变。雌花的基部将会膨大。

　　播种　　每株间隔 50 厘米，每处撒 4~5 粒种子。用土覆盖后，充分浇水，并放好塑料薄膜罩。10 天后，基本上已经发芽，真叶长出 2~3 片后间苗。之后按照生长情况，逐步撤去塑料薄膜罩。

　　铺干草　　撤去塑料薄膜罩后，为防止土壤干燥，在根部铺上干草。还可以在播种时铺上地膜。

　　追肥　　如果长势不太好，使用液体肥料促进生长。叶片长出太多时，有可能会有一部分叶片晒不到太阳或挤在一起，需要适当摘掉部分叶片。另外，叶片生长旺盛时，水分输送的难度也会加大，需要浇足水。

　　人工授粉　　与南瓜的人工授粉的操作相同。没有雄花时，可用番茄灵 100 倍液处理。

■　采收

　　从开花后第 4 天开始，用剪刀来采收西葫芦。从 15~20 厘米长的未成熟果开始采收，最迟 1 周内能采收。趁果实小就开始采收，可让植株保持良好长势，尽可能延长采收时间。在雨天采收容易导致软腐病，需要避开雨天。

■　病虫害

　　西葫芦通风不良后容易发生花叶病、灰霉病等，需要整修叶片。沿着叶脉生长的白色纹路不是病害。

甜玉米 禾本科

新鲜的甜味，柔软的口感

甜玉米（黄油玉米）

甜玉米（黄金玉米）

[栽培月历]

月	1	2	3	4	5	6	7	8	9	10	11	12
播种、采收				播种					采收			
田间管理					间苗 剪除分蘖	培土						
施肥			基肥		追肥							

栽培要点

● 施用足量基肥

● 天气彻底转暖后再播种

● 从播种到采收都需要注意防虫害

■ **特性**

采收 1 小时后，甜玉米的甜味就会减少一半。新鲜的甜玉米，既可以煮，也可以烤，都十分美味。在原产地的南美洲等地，则普遍将玉米碾成粉状食用，玉米是一种主要的谷物作物。

■ **品种**

甜度高、口感柔软的甜玉米更受欢迎。代表性的品种有"Honey Bandam"。最近，玉米粒呈黄白相间的"幸福玉米""鸡尾酒 84EX"等甜度更高、口感更柔软的品种也受到好评。黄色品种有"堪培拉 90EX""淘金热"等。可做爆米花的代表性品种则是"圆杯（Marucup）"。

■ **栽培方法**

从播种到采收需要大约 3 个月的时间，生长期较短。因此，土壤不肥沃的话，收成也无法提高。重要的是一开始就要施用足量的基肥。甜玉米喜排水性好的疏松土质，在略微干旱的环境下也能生长。

栽培地点 选择日照好的地方，挖出宽 60~70 厘米的垄、深 10~15 厘米的沟。每株苗各撒 2 把堆肥和复合肥，再将土回填。覆盖地膜可以促进生长，可以提前 1 周以上采收。

播种 甜玉米喜高温，低温则难以生长，在天气转暖后的 4 月下旬开始播种。株距为 30 厘米，每处撒 3~4 粒种子。为避免被鸽子、乌鸦等啄食，在种子上面覆盖一层厚 2~3 厘米的土并轻轻压平。之后的 4~5 天（发芽前），用寒冷纱等盖在表面。

间苗 在幼苗长到 20 厘米前进行间苗，每处留 1 株。

1 间隔 30 厘米撒 3~4 粒种子，覆盖厚度为 2~3 厘米的土，还可以使用寒冷纱。

2 真叶长出 2~4 片后，进行间苗，高 20 厘米、长势良好的幼苗视为 1 株。

3 间苗后，轻轻中耕后培土。如果长势不好则适当追肥。

4 长到 30 厘米后追肥，施复合肥后中耕、培土。注意不要将田垄弄倒。

5 用剪刀剪除从地面长出的分蘖。但是，长势不好的分蘖可任其生长。

6 顶端的雄穗的花粉掉落，雌穗受粉后，雌穗的花丝变为褐色。

追肥 幼苗长到 30~40 厘米高后，每株撒 1 把复合肥，轻轻翻耕垄间的土壤并培土。从根部长出的分蘖，如果长势不好，可以任其生长。

除穗和结果 发芽后，雌穗可长成 2~3 个果穗，但最顶端的一穗会长得最大。在下面的雌穗吐丝时将其除去。雄穗生长在茎的顶端，花粉掉落、授粉完成后，其花丝将会变成褐色。

■ 采收

在雌穗的花丝变黑前检查玉米的结果情况，如果颗粒饱满、表皮坚硬，则可以从果穗根部切断采收。采收的玉米一时吃不完，可以竖放保存，这样可以抑制乙烯的产生，保持一定的鲜度。

■ 病虫害

容易产生蚜虫等虫害，虫害的防治情况会影响到采收量。如混入种子里的种蝇幼虫、啃食幼苗的大螟、潜入茎内啃食导致玉米干枯的玉米螟等的幼虫，以及多发于雄花开花后啃食作物的玉米螟、黏虫等多种虫害。玉米螟虫害发生后，雄花会变成全白，在满开时剪除，使用稻丰散、甲萘威、杀螟丹等农药来应对。应对黏虫、蚜虫的虫害则可以使用菊酯类农药。另外，在果实尚未成熟时，还要注意防止乌鸦啄食。

甜椒、辣椒 （茄科）

色彩鲜艳，维生素含量丰富，能长时间享用

辣椒（鹰爪）

甜椒（石榴石）

[栽培月历]

月	1	2	3	4	5	6	7	8	9	10	11	12
播种、采收					定植					采收		
田间管理					搭架	铺干草	培土					
施肥					基肥 追肥							

栽培要点

● 不与茄科植物连作

● 选择暖和、日照好的地方栽培，不过早定植

● 撒上苦土石灰翻耕土地

■ 特性

甜椒、辣椒的原产地是中南美洲。甜椒未成熟的果实呈绿色，成熟后会变为红色或黄色。根据成熟程度，其辣度和甜度也会变化。辣椒会结出许多果实，能长期采收，可根据实际需求进行采收。

■ 品种

甜椒 有"京绿""翠玉 2 号""YES"等品种。彩椒的品种则有"黄号""红号"等。

狮头辣椒 大小介于辣椒与甜椒间，口感辛辣。

辣椒 一般指辛辣的红辣椒，但也有可生吃的绿色品种等，种类丰富。

■ 栽培方法

辣椒喜高温多湿的天气，但不喜雨天，选择日照好的地方栽培。顺利完成定植的话，病虫害也不会多发，属于容易栽培的蔬菜。

[果菜类]
甜椒、辣椒

栽培顺序

栽培地点

选择排水、储水都好的肥沃土壤，在定植前 2 周，撒上苦土石灰进行翻耕。辣椒对土质的要求不高。1 周前挖好 30 厘米左右深的坑，每株各需要 1 千克堆肥和 1 千克鸡粪，再撒 1 把复合肥。株距需要在 50 厘米左右。用地膜提高地表温度是一个不错的办法。

幼苗定植

由于发芽温度需要达到 25℃以上，所以在家庭菜园中一般选择用辣椒幼苗定植。选择有 7~8 片真

1 选择长势良好的幼苗，等待适合种植的天气，定植前放在暖和的地方，浇水养护。

2 气温稳定后，注意不弄散根部，间隔 50 厘米浅种。幼苗不稳则搭架帮助固定。

3 定植 2~3 周后，每 2 周施用 1 次液体肥料，中耕、培土。地面全部铺上干草。

4 定植前铺上地膜，使地温保持稳定，有利于早期的生长发育。还可以在上面再铺一层干草。

5 开花后，高温天气持续则容易结果。不用整枝，任其生长。

6 开花后 2~3 周，结出美味的新鲜甜椒。甜椒变红后，甜度增加，又是另一种风味。

叶，长势良好的幼苗。低温容易导致定植失败，到 5 月下旬前都将幼苗放置在暖和的地方。

选择无风、暖和的天气，浅种幼苗，然后搭好 1 根短的支柱。

追肥、铺干草 从定植后的第 2~3 周开始，每 2 周进行 2~3 次的追肥，施 1 次液体肥料。中耕田垄间的土壤并培土。若不使用地膜，则铺上干草，以防土壤干燥和病虫害。使用透明地膜时，在梅雨季节结束后，为防止烧根，在根部铺上厚 5 厘米以上的干草。

■ **采收**

有些品种是采收未成熟的绿色果实，可以早一点开始采收，直到 9 月中旬都能持续采收。彩椒需要等到完全成熟再采收，普通的甜椒则会在摘下来之后会慢慢变红，甜度也会增加。辣椒（鹰爪）要到 10 月左右才能采收，晒干后使用。

■ **病虫害**

茄科植物都容易得青枯病、疫病等病害，因此不能连作。多雨天气容易导致这些病害，如果使用百菌清，2 周内都不能采收。最容易发生的是蚜虫间接导致的花叶病。定植时，用吡虫啉进行土壤处理，铺上地膜，避免蚜虫虫害。对啃食叶片、果实的斜纹夜蛾，出现幼虫时用氯虫苯甲酰胺来应对。烟青虫会导致落果，可用吡虫啉杀虫，尽早摘除坏果。

秋葵 锦葵科

从开花到采收，乐趣多多

秋葵（赤峰）

秋葵

[栽培月历]

月	1	2	3	4	5	6	7	8	9	10	11	12
播种、采收				播种					采收			
田间管理				定植		摘除下叶						
施肥				基肥	追肥							

栽培要点

- 热带性植物，气温稳定后再播种
- 将种子在水中泡一晚再播种
- 由于根是直根，需要肥沃的土质

■ 特性

秋葵的原产地是非洲东北地区。从大朵的黄色花朵就可以看出它是木槿的近亲。秋葵的整个绿色果实都可食用，果实内部的黏液含有保护胃壁、帮助吸收消化蛋白质的黏蛋白、降低胆固醇的膳食纤维果胶，一直被视为健康食品。

■ 品种

横断面有5个角，生长较早的品种有"五初""五好"等，圆秋葵的品种有"绿宝石"等。

■ 栽培方法

秋葵不耐寒，地温低于20℃则无法发芽。天气转暖并稳定前，将秋葵养在盆内。种子较硬，在播种前先浸泡一晚更容易发芽。

播种 等到天气转暖的4月底~5月初，将2~3粒种子撒在土里或盆里。对整个盆栽都盖上塑料薄膜，放在日照好的地方。发芽后也需要铺地膜保持温度，直到长出2~3片真叶。

●栽培顺序

1 向 3 号盆里撒 2~3 粒种子，用塑料薄膜覆盖，放在暖和的地方。发芽后也放在温暖的地方。

2 1 周后，长出 2~3 片真叶，按株距为 50 厘米进行定植。若不铺地膜，则需要铺干草。

3 从开花到采收结束，都需要在田里施肥、中耕、培土。

4 合拢的花蕾和果实十分相似。夏天，叶间结出花蕾，逐渐长大。

5 秋葵早上开花，下午开始逐渐合拢，到傍晚就会结出小小的秋葵果实。

　　定植地点　虽然秋葵对土质的要求不高，但为了能够长时间的持续采收，可多施肥料。每株施 1~2 千克的堆肥、腐殖土，提前翻耕好土地，还可以用地膜提高温度。

　　定植　1 周后，按株距为 50 厘米，将盆栽中的幼苗移栽到田里。不进行间苗。

　　追肥　从开花到采收结束，一般每月施肥 2 次，每平方米撒 1 把复合肥。注意肥料是否充足。

■　采收

　　播种后 2 个月（6 月下旬左右），秋葵开花。早上开花，晚上收拢，3~4 天后，秋葵将结出长 4 厘米左右的果实。一般在早上采收果实。不及时采收，秋葵会变硬。如果介意秋葵表面的硬毛，可用盐水清洗表皮。

　　直到最初的采收前都不用进行间苗，初次采收后，每处只留下长势良好的 1~2 株秋葵，剪除其他的植株。另外，长在果实下面的叶片也需要摘除。

■　病虫害

　　用醚菊酯乳剂处理蚜虫、钻心虫。

苦瓜 （葫芦科）

维生素C含量丰富，是家常菜的常用食材

苦瓜（白苦瓜）

苦瓜（大苦瓜）

[栽培月历]

月	1	2	3	4	5	6	7	8	9	10	11	12
播种、采收				播种						采收		
田间管理				间苗		搭架						
施肥				基肥		追肥						

栽培要点

- 天气暖和后再播种
- 整理藤蔓，注意通风
- 及时采收

■ 特性

苦瓜含有丰富的维生素C等维生素类和矿物质成分，果皮中的苦味成分还有利于降低血糖、血压。原产地位于印度、东南亚附近。在日本，一般在冲绳、九州地区种植苦瓜，但关东地区也可以种植苦瓜。

■ 品种

日本各地区都有培育品种，主要品种有"宫崎绿""宫崎深绿""群星""汐风"等。

■ 栽培方法

苦瓜本身耐高温、耐旱，喜日照强、通风好的地方。

播种地点 适宜发芽的温度是25~28℃，所以需要等到天气暖和的4月中旬~5月上旬再播种。按畦宽1米、株距为60厘米，挖出直径为30厘米、深30厘米的坑，在每个坑里倒1桶堆肥、各撒1把油渣和复合肥。将肥料与土壤充分混合后堆高。

●直播

按株距为 60 厘米、每排间隔 1 米，挖出直径为 30 厘米、深 30 厘米的坑。用堆肥、基肥与土壤混合，将挖出的土回填并往上堆。平整后撒 3 粒种子，上面再覆盖厚 1 厘米的土。

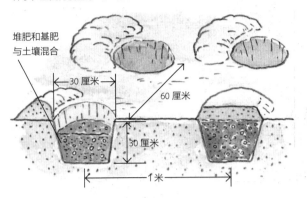

堆肥和基肥与土壤混合

30 厘米

60 厘米

30 厘米

1 米

●间苗、定植

直播后，等到幼苗长出 4~5 片真叶，开始间苗。在盆里播种也需要间苗，将长出 4~5 片真叶的幼苗连根拔出，注意不弄散根部，间隔 60 厘米定植。

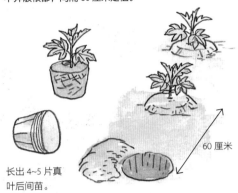

长出 4~5 片真叶后间苗。

60 厘米

●盆栽播种

向 5 号盆里倒入肥土，撒 3 粒种子后，上面再覆盖一层厚 1 厘米的土。放在暖和的地方，浇水养护，养到长出 4~5 片真叶。

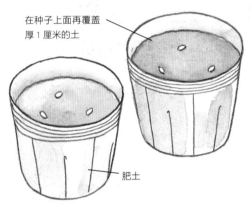

在种子上面再覆盖厚 1 厘米的土

肥土

●摘心

真叶长出 4~5 片后，对主蔓摘心，以促使子蔓生长。从子蔓上还会长出孙蔓。为避免过重折断苦瓜蔓，需整理藤蔓。

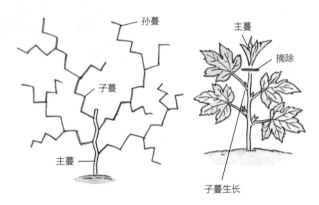

孙蔓

主蔓

摘除

子蔓

主蔓

子蔓生长

播种　每处撒 3 粒种子，上面覆盖厚 1 厘米的土壤。真叶长出 4~5 片后移栽。

间苗、摘心　真叶长出 4~5 片后间苗。有多种摘心的方法，一般是摘掉主蔓最前面的部分，留下 2~3 条子蔓。

搭架　使子蔓和孙蔓向搭架或网架生长并固定。苦瓜的搭架有篱笆架、与番茄种植相同的合掌式搭架、网架等多种形式。搭一个水平架也可以。

追肥　子蔓长出后，观察生长情况，在根部施复合肥 1~2 次。果实结得多时也要撒 1 把复合肥并培土。不需要施过多肥料。

■ 采收

开花后 15~20 天，可采收未成熟的果实。果皮表面的凸起变得饱满则可开始采收。如果不及时采收，果皮会裂开、种子也会掉出来。除果实外，新长出来的茎叶也可以煮食，果实的苦味可以通过盐水清洗来中和。

■ 病虫害

苦瓜抗病性强。一旦发生蚜虫等虫害，及时除虫即可。

越瓜 葫芦科

适合腌渍，口感绝佳

越瓜（片瓜）

越瓜（桂大越瓜）

[栽培月历]

月	1	2	3	4	5	6	7	8	9	10	11	12
播种、采收			播种						采收			
田间管理				定植								
					摘心							
						铺干草						
施肥			基肥		追肥							

栽培要点

从发芽到生长初期都要注意保温

主蔓摘心，孙蔓结果

确保结果，人工授粉

■ 特性

　　越瓜的原产地是东南亚，从中国传到日本。在日本，越瓜比黄瓜的种植历史更长，与甜瓜的栽培与品种改良也有很深的渊源。越瓜比黄瓜更大、表皮光滑，大部分是淡绿色的。细致的果肉经常作为加工食品的食材，比如日本有名的奈良腌菜。市面上很少见到新鲜的越瓜，因此这是在家庭菜园才能尝到的美味。

■ 品种

　　日本各地都有根据地名命名的越瓜品种，有表皮光滑、表皮带纹路、深青色或浅绿色的多种品种。大致分为越瓜类、片瓜类、岛瓜类、杂交类。越瓜类的品种有"东京大越瓜""东京早生"，杂交类的品种有"羽仓瓜"等。

■ 栽培方法

　　越瓜耐热、耐旱，但不耐寒，因此当温度不稳定时，可选择先在盆内播种养护，之后再移栽。

●箱内播种

除直播、盆内播种外，还可以在箱内播种。往种菜箱内倒入川砂，左右间隔 10 厘米，前后间隔 2 厘米。播种完后，在上面盖一层土，浇水后用塑料薄膜盖住种菜箱。放在暖和的地方，注意箱内是否干燥，发芽后将塑料薄膜打开。

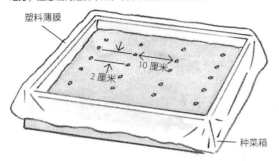

塑料薄膜

10 厘米

2 厘米

种菜箱

●定植

到 5 月中旬，按株距为 1 米，挖出直径为 30 厘米、深 40 厘米的坑，倒入 1.5 桶堆肥、1 把油渣作为基肥，回填后堆土。将长有 5~6 片真叶的幼苗种入坑内，注意不要弄散根部。

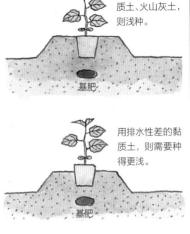

用排水性好的砂质土、火山灰土，则浅种。

基肥

用排水性差的黏质土，则需要种得更浅。

基肥

●发芽后的管理

种菜箱内的种子发芽后，将肥土倒入 3 号盆，一株一株地移栽。育苗箱等需要用塑料薄膜罩盖好，保持温度。对盆内播种的幼苗也一样。为避免白天通风不良，将塑料薄膜的一部分卷起来。

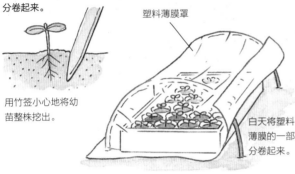

塑料薄膜罩

用竹签小心地将幼苗整株挖出。

白天将塑料薄膜的一部分卷起来。

●摘心、整枝

进入梅雨季节后，主蔓长到 4~5 节摘心，促使子蔓生长。子蔓长到 8~10 节摘心，任孙蔓生长，孙蔓结果。铺上干草，注意不要让藤蔓互相缠绕。

主蔓长到 4~5 节摘心

长在孙蔓的 1~2 节处的雌花结果

子蔓长到 8~10 节摘心

　　播种地点　在播种的 2 周前，每平方米撒 2 把苦土石灰，株距为 1 米，挖出直径为 30 厘米、深 40 厘米的坑。倒入 1.5 桶堆肥、1 把油渣，将土回填并往上堆高。

　　播种　4 月中旬左右，在每个坑里撒 4~6 粒种子，盖一层土、浇水，真叶长出 3~4 片前都用塑料薄膜罩保持温度。在盆内播种则需要提前到 3 月下旬。盖上塑料薄膜，放置在暖和的地方。

　　定植　5 月中旬，将在盆内播种的苗或市场上买回来的幼苗移栽。1 周后在幼苗周围施 2~3 次硫酸铵。

　　摘心　主蔓长到 4~5 节摘心，促使子蔓长出 3~4 根，子蔓长到 8~10 节摘心。孙蔓结果，长到 4 节摘心。铺干草后，注意不要让藤蔓互相缠绕。

　　人工授粉　雄花开放后，雌花也会开放，用雄花的花粉接触雌花的柱头。

■ 采收

　　开花后 20 天，可以采收 15~20 厘米大的越瓜。若出现绿白相间的情况，让白色的部分接受日晒（参考第 52 页"翻瓜"）。

■ 病虫害

　　越瓜抗病虫害的能力比较强，但是在多雨天气，植株通风不良则容易导致霜霉病、白粉病。需要事先铺上干草，一旦发现病叶，立马摘除。发现蚜虫也需要迅速处理，一旦发现，迅速杀虫。

丝瓜 葫芦科

在学校教材和护肤乳液里都会出现的蔬菜

丝瓜的花

丝瓜

[栽培月历]

月	1	2	3	4	5	6	7	8	9	10	11	12
播种、采收				播种						采收		
田间管理				定植	搭架 摘心							
施肥				基肥								

■ 特性

丝瓜原本长于东南亚、冲绳，是当地常见的食材。在日本小学的理科教材里有制作丝瓜布的课程，而有的化妆品乳液含有从丝瓜藤分泌的液体成分。从架子上结出的丝瓜是夏天应季的蔬菜，膳食纤维含量也十分丰富。

■ 品种

丝瓜分为食用品种和为利用纤维而培育的纤维品种。后者的种类更多，果实从约30厘米长到2米长不等。

■ 栽培方法

丝瓜喜日照。由于容易出现连作障碍，选择种在没有种植过葫芦科作物的地方。

播种 发芽温度为25~28℃，因此4月下旬以后在盆内播种。丝瓜偏好肥土，使用园艺用土等，先将种子浸泡一晚，播种后用塑料膜盖住保温。真叶长出2~3片后，放置在暖和的地方。育苗可以使用4号盆，大约需要50天。

定植 5月上旬以后，温度趋向稳定，将长到40~50厘米的丝瓜苗移栽，也

●培育幼苗

将种子浸泡一晚，将园艺用土倒入 4 号盆。用塑料薄膜罩住盆栽，放置在暖和的地方。发芽后则一边间苗一边培育，大约需要 50 天，培育出长有 2~3 片真叶的幼苗。

将种子浸泡一晚　　用塑料薄膜盖住

●定植

使用足量基肥，在深耕后的地方种植。长出 5 片真叶后开始搭架。

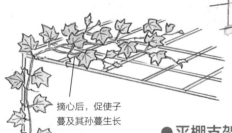

摘心后，促使子蔓及其孙蔓生长

●平棚支架

根据 1 株需要 3 米² 的空间来搭架，使丝瓜蔓往架子上生长，摘心后使子蔓生长。子蔓长出 15 节后，将出现孙蔓，之后在孙蔓上长出雌花。

●人工授粉

7 月下旬，雄花开始开放。将雄花的花粉传送到雌花。根据花蕾的形状可迅速判断雄花和雌花。开花 10 天后就可以采收食用丝瓜品种结出的果实。

雄花

花蕾

开花

花蕾

开花

雌花

雄花

雌花

剥皮后露出种子的干燥丝瓜

可直接从市面上购买丝瓜苗。1 株丝瓜苗的生长空间大概为 3 米²，种得多的情况下，各株最好间隔 3 米种植。每株需要 20 千克堆肥、1 千克 IB 复合肥、1 千克骨粉，大范围且深入施肥。丝瓜藤会越长越卷，因此长出 5 片左右的叶片后就需要搭架，如平棚支架、利用墙搭架等，可自由选择搭架方法。

　　摘心　主蔓摘心，使其长出 3~6 根子蔓，平等分配各蔓的孙蔓数量。长到 15 节以上，长出来的孙蔓的雌花开放后结果。

　　人工授粉　雄花为圆形花蕾，雌花为细长花蕾。雄花开放后，用雄花花粉给开放的雌花的柱头授粉。丝瓜结果时需注意水分是否充足。

■ 采收

　　采收目标是丝瓜纤维的话，果皮呈现黄色、重量变轻的时候就可以采收了。如果 10 天内保持浇水而不采收，外皮就会腐烂脱落。将种子取出清洗，干燥后就是丝瓜纤维。保持原样一直放到 11 月左右的话，不用浇水，外皮也会破裂。

■ 病虫害

　　为避免蔓割病等，最重要的是注意不要连作。

草莓 蔷薇科

每年都用长出的新子苗种植

草莓

草莓（丰香）

[栽培月历]

月	1	2	3	4	5	6	7	8	9	10	11	12
定植、采收				采收 ▅▅▅▅▅ 临时种植 ▅▅▅						定植 ▅		
田间管理	铺干草 ▅	培土 ▅▅	间苗或移栽 ▅▅▅						▅▅▅▅	▅▅▅	
施肥		追肥 ▅▅	临时种植的基肥 ▅					基肥 ▅	▅	▅	

栽培要点

- 用覆膜应对干旱
- 每年种植新的子苗
- 注意氮肥的使用量

■ 特性

在家庭菜园里，包括盆栽栽培中，草莓因其新鲜美味，一直以来都受到大家的喜爱，人气长盛不衰。草莓原产于美洲，在荷兰进行了品种改良后再传播到全世界，因此在日本，草莓也被称为"荷兰草莓"。从果实外皮就能看到一小粒一小粒的种子。大家当作果肉食用的部分其实是花托。

■ 品种

日本关东地区多为"女峰"品种、关西地区多为"丰香"品种。在家庭菜园中可选择生命力旺盛的"宝交早生"等品种。

■ 栽培方法

从食用品种的草莓中将种子取出来不是一件容易的事。一般来说，我们可以选择9月左右上市的幼苗来种植。一旦种了1次，从第2年开始，可以利用

●培育子苗

采收结束后，每平方米种 2 株母株，间距为 60~70 厘米。倒入苦土石灰翻耕，每平方米再倒入 2 桶堆肥、1 把复合肥，做好平床后再定植。

避免让匍匐茎互相缠绕

60~70 厘米

●子苗的临时种植

7 月，从匍匐茎上长出了 3~4 株子苗。待真叶长出 2~3 片后，留下母株约 2 厘米长的匍匐茎，将子苗分开移栽，间距为 15~20 厘米。

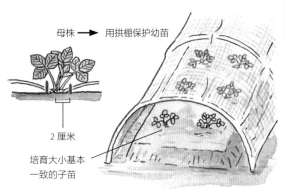

母株 → 用拱棚保护幼苗

2 厘米

培育大小基本一致的子苗

基肥的使用与母株相同。种植方法参考下一页。

培育出的子苗来种植，还可以从园艺爱好者那里得到子苗。每年都种植新的子苗，这是提高收成的秘诀。

由于草莓根系浅，不耐热，也不耐旱，所以喜储水性好的肥沃黏质土。如使用火山灰土、排水性好的砂质土，则需要注意夏天和冬天的干旱天气，注意浇水以防止干旱。

培育子苗 6 月左右完成草莓的采收后，将母株按每平方米 2 株的分布进行间苗。每株苗撒 1 把复合肥，并翻耕土地。施用堆肥、复合肥，将土地深耕后平整，将每株重新栽植在畦内。次月开始，将会长出好几根匍匐茎，到了 7 月，1 株将长出 30~59 株子苗。栽植培育出的子苗来采收草莓。

移栽 移栽子苗的 2 周前，每平方米倒入 2 桶堆肥、1 把复合肥，深耕后将土地平整为宽90~100 厘米的平床。若畦较高，容易导致缺水，因此需要用平床。

子苗的临时定植 子苗长出 2~3 片真叶后，母株的匍匐茎预留 2 厘米，其余剪除。移栽子苗，株距为 15~20 厘米。深种后芽易枯萎，所以要浅种。浇足水，注意是否干旱，培育大约 2 个月。

培育幼苗 夏天的日照过强，白天要挂上苇席或寒冷纱，避免暴晒。这个阶段长出来的匍匐茎需尽快剪除，容易导致病虫害的枯叶和老叶也需要尽早处理，随时保持 4~5 片新叶的状态。为防治叶螨、蚜虫，需要避免叶片互相缠绕，一旦发现害虫立即处理。将啶虫脒颗粒撒到土里。7 月中、下旬需要使用 1~2 次甲氰菊酯。

定植地点 畦宽 90~110 厘米，株距为 25~30 厘米，留出草莓苗生长的空间。每株需要堆肥、腐殖土、干燥鸡粪各 1 把，仔细深耕后平整地面。在定植前的 1~2 周，准备好平床，注意肥料用量，避免烧根。

定植 将长出 6~7 片真叶的幼苗，在 10 月中、下旬移栽到畦内。在留下来的匍匐茎的另一侧会长出花序，将匍匐茎种在内侧则方便采收。与临时定植相同，避免芽被土覆盖。经过 2~3 周，在各株间使用少量的复合肥。

越冬 温度降低、日照时间缩短，苗株进入休眠状态并矮化，看起来会变小。追肥时 1 个月施1~2 次液体肥料等，到生长后期都要注意土壤的肥力。2 月中旬，需要铺上干草或铺地膜。如果这

1 留下结束采收的母株，每株撒1把复合肥。

3 每平方米倒入2桶堆肥、撒1把复合肥，将子苗栽植至平整好的畦内，株距为15~20厘米。

2 7月，将子苗剪下来，在母株上留下2厘米长的匍匐茎，另一侧连根剪下。

4 将留下2厘米的匍匐茎埋入土里，注意不要把芽的基部完全埋入土内。

个时期受到干旱的影响，到了春天也很难恢复，1个月需要浇1次水。用苇席或塑料薄膜罩住幼苗，挡住冷风。有降雪天气的地区则需要搭拱棚挡雪。

　　春天的养护作业　3月中、下旬，撤掉防寒的苇席等，整理根部的枯叶和藤蔓等。在每株根部撒1把复合肥，进行中耕。

　　开花、结果　到了4月，1株最少也会长出3~4根花茎，然后开花、结果。1根茎上面有3~4朵花，因此结出的果实也是3~4个。这个时期需除掉新长出的匍匐茎。

■　采收

　　开花后30~40天，果实成熟。果实全部变红后，在晴天的早晨进行采收。果实容易受雨水影响，进入梅雨季节则用拱棚挡雨。

　　如果一时吃不完，可将草莓做成果酱或果汁。

5 用寒冷纱防止暴晒，将新长出的葡匍茎剪除，等待真叶长出 6~7 片。

7 施肥后在地面上铺干草或地膜。即使地面上的部分枯萎，到了春天又会再次发芽。

6 10 月中、下旬，将葡匍茎朝向内侧种植，外侧则会长出花序。

8 长出新的花茎前，整理清除枯叶和葡匍茎等，重新铺好干草，等待结果。

■ 病虫害

选择健康幼苗，摘除枯萎的叶片，注意通风，用干草和地膜做好防护，可有效降低病虫害的风险。事先仔细地做好应对措施。

采收期出现的灰霉病会导致果实腐坏，需事先用腐霉利、异菌脲等预防。避免从根部感染使植株枯萎的黄萎病，事先需仔细挑选健康的幼苗，比如从值得信赖的商店购买。对蛞蝓、蜗牛要用透引剂等驱杀，还需要早期喷洒杀虫剂以应对叶螨、蚜虫。

Q & A

购买了带花的幼苗，但是……

4 月底，市面上开始出售带花的幼苗，原本以为购买这种幼苗就能很快采收果实，但是结出的果实却不太好。最好将带花的幼苗作为培育子苗的母株。另外，由于会长出许多葡匍茎，1 株母株可以培育 30 株以上的子苗。如果不临时定植，任其生长则会导致幼苗大小不一，营养成分难以输送，结不出美味的草莓。因此，需要除去最早长出来的大幼苗和过小的幼苗，选择大小基本一致的子苗，重新定植并培育，这样才会结出更多的果实。

[水果类]

西瓜 葫芦科

根据种植面积选择合适的品种

西瓜（缟王）

小玉西瓜

西瓜（塔希提）

[栽培月历]

月	1	2	3	4	5	6	7	8	9	10	11	12
播种、采收			播种 ▬▬					▬▬ 采收				
定植、采收				定植 ▬▬				▬▬ 采收				
田间管理					摘心 ▬▬							
					人工授粉 ▬▬ 铺干草							
施肥	播种的基肥 ▬	定植的基肥 ▬			追肥 ▬▬							

- 避免连作，充分使用有机肥料
- 保持温度可促进生长
- 西瓜喜高温、少雨、排水性好的砂质土

■ 特性

西瓜的原产地是非洲中南部，现在市面上大多数是在美国改良后引进日本并再次改良的品种。西瓜的生命力旺盛，日照强、水分不足的高温天气才能结出美味的西瓜。

■ 品种

圆形大西瓜的品种有"缟王MAX""红大""瑞祥""金辉"等。表皮呈黑色的品种有"塔希提"等。还有许多其他的品种，比如椭圆形西瓜、黄色果肉的西瓜等。较小的种植面积则可以考虑种小西瓜，比如"红KODAMA""KODAMA"等。

■ 栽培方法

西瓜喜高温干燥的天气，对土质要求不高。持续的雨天会影响结果，病虫害的风险也会提高。西瓜的根系发达，入土深，因此耐旱，但补栽会对西瓜造

50

●人工授粉

长势良好，则两性花开花结果。但没有雄蕊的雌花开放则需要通过人工授粉确保采收。授粉时间推荐在晴天早晨的 7:00~9:00、雨天的早晨 9:00 以后。

雌花

摘下雄花花朵

只留下雄蕊

触碰雌花柱头，完成授粉

●摘果

长出 7~8 节后，雌花的第 1 个和第 3 个果实容易畸形，在它们还没长大时摘果。生长迟缓则在开花阶段就将花摘掉。长出 15 节后结出第 2 个果实，基本上 1 根蔓只结 1 个瓜。

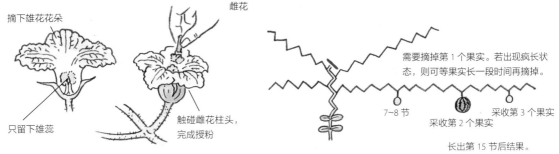

需要摘掉第 1 个果实。若出现疯长状态，则可等果实长一段时间再摘掉。

7~8 节
采收第 2 个果实
采收第 3 个果实

长出第 15 节后结果。

成较大影响。直播后用塑料薄膜罩保温，或等天气转暖后购买市面上的幼苗来栽植，7~8 月进入采收季节。

栽培地点 在葫芦科中，西瓜的连作障碍是十分严重的，因此同一地块需要间隔 4~5 年才能栽植西瓜。选择市面上销售的嫁接苗，可与南瓜、甜瓜等连作。西瓜喜排水性好的砂质土，黏质土则可能导致西瓜疯长、出现炭疽病等。

在播种或定植的前 2 周，先挖好直径为 30 厘米，深 30 厘米的坑，倒入 2~3 千克腐殖土堆肥和 200 克复合肥，并与土壤混合。将挖出来的土回填，需要堆高 10 厘米。株距需要控制在 120 厘米以上，尽量选择日照好的地方种植。

直播 4 月上、中旬直播。铺上地膜后，每处撒 3~5 粒种子，上面盖一层土后浇水。用塑料薄膜罩、搭架或拱棚等工具做好保温措施，还能有效预防黄守瓜幼虫、种蝇幼虫的啃食。

定植 选择长有 4~5 片真叶，茎干粗壮、节间紧凑的嫁接苗。从盆内移栽到畦内时，先铺好地膜，浅种后浇水。与直播相同，用塑料薄膜罩、拱棚等进行 2~3 周的管理，避免干旱。

塑料薄膜罩通风 真叶长出 3~4 片后，塑料薄膜罩内部需要通风，把塑料薄膜卷起来或在顶端戳孔。出芽后需根据生长情况间苗 1~2 次，每处栽植 1 株。幼苗长势良好，长出新芽后需要换气。幼苗继续发育，叶片越长越多，则逐步加大换气孔。

摘心 有许多整枝的方法，比如主蔓长到 5~6 节后摘心，留下 3~4 根子蔓，将其余子蔓剪除，让各蔓均匀生长。子蔓长到 15 节后，为促使雌花结果，剪除孙蔓和结出的第 1 个果实，也可不剪除比果实先长出来的孙蔓。长出第 3 个果实后，营养成分输送不佳则提前摘果。

人工授粉 有雄花和雌花开放。生长情况良好则长出带有花粉的雌花（两性花），容易结果。持续的雨天导致不易结果，当天早晨用雄花的花粉与雌花的柱头接触。通过人工授粉能确保结果。另外，将人工授粉的日期记录下来，还能大致计算出采收日期。

追肥 第 1 个果实长到鸡蛋大小后，整理清除周围的杂草、枯叶，施 2 把米糠、油渣、鱼渣或干燥鸡粪后中耕、培土。大量使用硫酸铵、尿素等肥料，虽然能促进藤蔓和叶片的生长，但也可能

1 从幼苗开始栽培，最好选择对蔓割病抵抗力更强的嫁接苗。

3 撤去塑料薄膜罩后，铺上干草以防止土壤干燥。

2 如果天气暖和，可不铺地膜，用塑料薄膜罩保温，需在塑料薄膜罩上戳出换气孔。

4 主蔓长到 5~6 节摘心，留下 3~4 根长势良好的子蔓，避免互相缠绕，剪除其余子蔓。

会导致不结果实的疯长状态。

铺干草 第 2 个果实长到拳头大小时，在田地里铺上一层干草，避免藤蔓互相缠绕。

翻瓜 1 根蔓一般结 1 个西瓜，1 株西瓜苗一般结出 3~5 个果实。果实过大则可能影响各自的生长空间、导致颜色不均匀等，需要进行翻瓜作业。轻轻地将整根蔓提起，将蔓调整为向上的方向。采收的 1 周前，将西瓜翻面，使落花的部分（底部）向上接受日晒。

■ 采收

授粉后 35~40 天，轻轻敲击西瓜表面，声音浑浊则表明西瓜已成熟，可进行采收。部分西瓜蔓有可能会出现枯萎的情况。将采收的西瓜放置 2~3 天，果肉会更加紧实，甜度也会增加。

■ 病虫害

采取与葫芦科蔬果相同的病虫害对策。尤其是幼苗时期，持续的雨天和温度无法上升时，西瓜

5 图中最上面的花的基部呈球状，则为雌花。

7 果实长到一定大小后，将未被太阳晒到的部分翻转至另一面（翻瓜）。

6 第1个果实长到鸡蛋大小后进行追肥、中耕、培土。第2个果实长到拳头大小后，铺干草。

8 品种不同，从授粉到采收期的时间长短也不同。敲击果实，声音浑浊则可以采收。

蔓的根部可能会出现裂开、逐渐腐坏的情况，导致蔓割病，需要尽早将整株都拔掉，撒上石灰。其次，低温多湿的天气还容易使得叶片、果皮出现黑斑，导致炭疽病、疫病等病害。事先使用代森锰锌、百菌清进行预防。百菌清对叶片枯萎的蔓枯病、霜霉病也有效。干旱天气持续则可能导致白粉病，可使用喹喔啉系农药处理。

用马拉硫磷、氟虫脲可处理黄守瓜、潜蝇科等害虫。导致发育不良的根结线虫则只能通过土壤消毒来处理。

Q & A

不能顺利地发芽

西瓜的发芽温度在25℃以上，可使用塑料薄膜或塑料薄膜罩。如果温度还是不够，最好选择从西瓜苗开始栽植。市面上销售的西瓜苗大多是嫁接苗，对蔓割病等病害具有抗性，也不会出现连作障碍。天气转暖后定植，成功率会高不少。

甜瓜 葫芦科

选择不同品种，也可露地栽培

甜瓜（安第斯）

甜瓜（公主）

[栽培月历]

月	1	2	3	4	5	6	7	8	9	10	11	12
定植、采收				定植			采收					
播种、采收			播种				采收					
田间管理				摘心		人工授粉						
				培土		铺干草						
施肥		播种的基肥		定植的基肥	追肥							

栽培要点

● 对排水性好的田地，要施大量堆肥

● 为应对病虫害，购买嫁接苗

● 控制果实数量，采收美味甜瓜

■ 特性

甜瓜的原产地是北非，经欧美、中国传到日本，出现了许多不同的品种。被称为香甘瓜（Muskmelon）的高级甜瓜品种是根据 19 世纪的品种进行改良的，属于阿露斯品种。网纹甜瓜的表皮长有漂亮的网状纹路，是日本特有的品种。但是，由于这种甜瓜的栽培需要温室等设备，而且栽培过程也比较烦琐，一般在家庭菜园中选择容易栽植的露地甜瓜。

■ 品种

香甘瓜（Muskmelon）的杂交种"公主""金太郎""金铭""爱丽丝"等露地甜瓜容易栽植。表皮具有网纹的露地甜瓜品种有"日出"等。

■ 栽培方法

在葫芦科中，甜瓜的连作障碍较少、对土质的要求也不高。甜瓜喜高温干

●摘心

主蔓摘心后，长出子蔓，使孙蔓的雌花结果。1根子蔓结出 2~3 个果实。

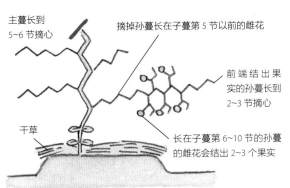

主蔓长到
5~6 节摘心

摘掉孙蔓长在子蔓第 5 节以前的雌花

前端结出果实的孙蔓长到 2~3 节摘心

长在子蔓第 6~10 节的孙蔓的雌花会结出 2~3 个果实

干草

●激素处理

为确保雌花授粉，除人工授粉外，还可进行激素处理。用定好比例的稀释激素处理剂，喷向雌花。

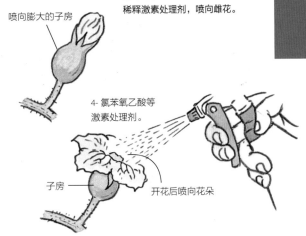

喷向膨大的子房

4- 氯苯氧乙酸等激素处理剂。

子房

开花后喷向花朵

燥的天气，如认为发芽困难，可选择购买市面上出售的幼苗。

栽培地点 选择日照和通风好、土壤肥沃、排水性好的地方。直播、定植的 2 周前，先挖好宽 150 厘米的田垄。株距为 90 厘米，挖出直径为 30 厘米、深 30 厘米的坑，每处倒入 1~1.5 千克腐殖土堆肥和 100 克复合肥，并与土壤充分混合。在此基础上，将挖出的土再回填。田垄都铺上塑料薄膜，提高地温。

直播 春分，天气转为稳定后开始播种。每坑撒 3~5 粒种子，上面盖上一层薄土，轻轻压平，充分浇水，用塑料薄膜罩等保温。发芽温度为 28~30℃，在日照不好的地方则难以发芽。发芽后，待真叶长出 3~4 片后进行间苗。即使天气暖和，发芽也需要 30~40 天。

定植 4~5 月，购买市面上出售的嫁接苗，与直播的准备相同，定植时将幼苗浅种。选择有 3~4 片真叶、抗病性好、节间紧凑的嫁接苗。用塑料薄膜罩保温。

摘心 定植后 2~3 周，藤蔓不断生长，主蔓长到 5~6 节进行摘心，使子蔓生长。子蔓长到 3~4 节，叶片长出 22~23 片后摘心。避免藤蔓互相缠绕。孙蔓长出后，使其结果。1根子蔓结出 2~3 个果实，留下最前端的 2~3 节，其余摘心。

追肥、铺干草 主蔓摘心后，子蔓开始生长，用油渣、米糠、鱼渣等有机肥料进行追肥并中耕、培土，在地面上铺干草。之后，雌花开花、果实长到鸡蛋大小时，观察生长情况，再进行 2~3 次追肥并中耕、培土。生长情况良好则无须过多追肥。

人工授粉 子蔓长到第 6 节后，将长出孙蔓，使其雌花结果。日照不足、低温或超过 30℃ 的高温天气的持续可能会导致无法授粉、落花的情况。肥料中的氮过多导致疯长，迟迟不结果。结果的状态不好，可用雄花的花粉去接触雌花的柱头，进行人工授粉。还可根据规定用量使用 4- 氯苯氧乙酸等激素处理剂。

摘果 香甘瓜等保持1株1瓜，因为营养集中输送会使味道变得更好。露地甜瓜则保持1根子蔓上结2~3个瓜，不要留过多的果实。若最终整株留6~8个，则在果实长到鸡蛋大小时进行摘果处理。

若将嫁接苗深种，嫁接穗从根部长出，可能会带来土传病害，需注意。

撤去塑料薄膜罩后，铺上干草，对防止干旱和雨天导致的病虫害有一定作用。

用带有换气孔的塑料薄膜罩盖住幼苗，待幼苗生长空间不足时再撤去塑料薄膜罩。

定植的 2~3 周后开始摘心。最初对主蔓摘心，只留2~3 根子蔓。

■ 采收

开花后 40~50 天，果实成熟，将开花日期和人工授粉日期记录下来则可大致计算出收获日期。了解栽植品种所需的成熟天数也很重要。每天观察果实的变化，如果皮不再生长柔毛、果蒂变得容易采收等，避免过晚采收。

■ 病虫害

虽然甜瓜喜高温干燥的天气，但日本夏天的高温天气对甜瓜来说温度仍然过高。再加上湿气，病虫害发生的概率也会升高。在温室里种植甜瓜，除了在发芽和生长初期保持一定温度外，还可防止病虫害。与香甘瓜（Muskmelon）相比，露地甜瓜发生病虫害的概率稍低，但做好应对病虫害的对策仍然十分重要。

好不容易将甜瓜培育到采收阶段，却出现整株干枯的情况，这是蔓割病，大多是因为土传病害或种子被病菌污染等导致的发病，只能将发病的植株剪除。但只是将植株拔掉还不够，由于病菌可以存活约 3 年，还需要彻底的消毒。选择抗病性强的嫁接苗也是一种防治策略。蔓枯病等病害发

5 子蔓的叶片长出 22~23 片、孙蔓长出来后，结出 2~3 个果实，进行摘心。

7 1 根子蔓结 2~3 个果实，整体控制在结出 6~8 个果实，其他的果实则在早期摘除，使剩下的果实长得更好。

6 人工授粉的方法与西瓜相同。用雄蕊接触几下雌花。1 朵雄花可以沾 2~3 朵花。

8 柔毛脱落，果皮变光滑后，香气也会变浓。叶片变黄，果蒂变得易于采收。

病时逐渐地使叶片、藤蔓枯萎。使用农药可控制病害。

　　此外，蚜虫不仅吸食树汁，还会导致花叶病。使用蚜虫难以附着的银灰色反光膜等进行防护，一旦发现蚜虫迅速杀虫。使用专用的药剂来应对葫芦科多发的白粉病、叶螨等病虫害。市面上还有出售抗白粉病的嫁接苗。叶片出现斑点或受损是因为营养不足，最终导致味道不佳，需尽早做好对策。

Q & A

幼苗定植后，生长情况不好？

　　给盆栽里的幼苗浇足水，定植时不要将根坨弄散。甜瓜根部的生长温度最低需要 8~10℃。甜瓜的根系脆弱，如果地温过低，则容易导致幼苗受损，需要铺上塑料薄膜，做好提高地温等保温对策。其次，种得过深可能也是失败的原因。深种会导致根部被湿气侵蚀，可能导致根系从嫁接穗长出，诱发病害，最后出现根系发育不良的情况。嫁接苗一般是经过抗病性处理的品种，比如与南瓜等嫁接，但如果根系从甜瓜植株上长出来，就失去了培育嫁接苗的意义。

菜豆 豆科

采收快的无蔓品种，易栽植

无蔓菜豆（亚伦）

蔓生菜豆（摩洛哥）

[栽培月历]

月	1	2	3	4	5	6	7	8	9	10	11	12
播种、采收			无蔓品种播种			采收						
				蔓生品种								
							蔓生品种					
田间管理			间苗	培土								
施肥			基肥	追肥								

※田间管理和施肥是针对无蔓品种的建议。

栽培要点

● 豆科不能连作

● 一开始就要撒苦土石灰

● 播种后做好应对鸟类啄食的对策

■ 特性

菜豆的原产地是中美洲，据说是由隐元禅师传到日本的。在未成熟的状态下采收，豆荚也可食用。从播种到采收的时间短、采收期也短的无蔓菜豆易于栽植。蔓生菜豆一般是在夏天播种，采收期长是其特征。在日本关西地区被称为"三季豆"，一年可以品尝到好几次菜豆。

■ 品种

无蔓菜豆的品种有扁荚的"无蔓摩洛哥"、圆棍状荚的"恋绿""瑟琳娜"等。蔓生菜豆的品种有圆扁荚的"肯塔基-101"、圆荚的"一途"等。

■ 栽培方法

菜豆十分容易出现连作障碍，因此种植间隔时间需要3~4年。满足温度条件则容易发芽，可轻松地直播。

播种地点 选择排水性好的肥沃土地，菜豆不喜酸性土，因此在播种的2周前，先撒上苦土石灰，提前翻土。无蔓菜豆需要宽70厘米的田畦，株距为20~30

1 按 20~30 厘米的间距，种成 2 排，用啤酒瓶底按压出浅坑。

2 长到上图的大小后开始间苗，如果没有发芽或被鸟啄食，可进行补栽。

3 真叶长出 2~3 片后间苗，每穴留 2 株，在田畦上进行追肥、中耕、培土。蔓生菜豆需要进行 2 次前述的管理。

4 播种后 6~8 周，菜豆开花、结果。因为采收时期较短，所以最好将播种的时间彼此错开。

5 开花后 10 天左右开始采收。避免过晚采收，趁菜豆没变硬前完成采收。

●蔓生菜豆

不需要引缚，菜豆的藤蔓会自然地缠绕上搭架。由于搭架细长，最好搭成稳定的合掌式搭架。

厘米，排成两排种植，蔓生菜豆则需要宽 90 厘米的田畦，株距为 30~40 厘米，排成 2 排种植。每处撒上 1 把干燥鸡粪或复合肥，作为基肥使用，将土回填。

　　播种　无蔓菜豆一般在 4 月下旬 ~7 月底进行播种。大多数品种在播种后 50 天就可以采收，避免一次性采收，因此在播种时间隔 10 天，进行 2~3 次播种，可延长采收期。蔓生菜豆一般需要 70 天才能采收，采收期也较长，由于其耐热，可在 5 月或 7~8 月播种。每处撒 3~4 粒种子，上面盖 1 厘米厚的土。

　　间苗、追肥　真叶长出 2~3 片后间苗，每穴留 2 株，用复合肥追肥，中耕、培土。蔓生菜豆在长出藤蔓后搭架。不需要引缚，藤蔓会自然地缠上搭架。

■ 采收

在种子包装上一般会记录所需的采收天数，采收柔软的果实。过晚采收则可能导致菜豆变硬。

■ 病虫害

菜豆的病虫害较少，但播种的种子容易被鸟啄食，在长出真叶前都需要铺网以防鸟类啄食。生长后需要注意防治蚜虫和叶螨。用氯虫苯甲酰胺和甲维盐来防止斜纹夜蛾和潜蝇科害虫。

[豆类]

豌豆 豆科

不要错过播种时期，能完美越冬

甜豌豆（点心）

甜脆豌豆（佛国大荚）

[栽培月历]

月	1	2	3	4	5	6	7	8	9	10	11	12
播种、采收						采收				播种		
田间管理	培土		搭架								铺干草	
施肥									基肥			

栽培要点

● 不要过早播种

● 撒苦土石灰后耕作

● 豌豆不能连作，需要间隔 3~5 年再栽植

■ 特性

在果实呈绿色、未成熟时采收豌豆。豌豆的品种有连豆荚也可以吃的软荚豌豆，以及以吃豆粒为主的豌豆（青豆）等。最近，豆粒大、豆荚也可食用的甜豌豆也十分流行。豌豆在日本的栽培历史悠久，但原产地其实是在中亚至中近东一带。

■ 品种

软荚豌豆的品种有"白花绢荚""赤花绢荚""佛国大荚"等，甜脆豌豆的品种有"薄""白龙"等。甜豌豆的品种有"号角点心"等。

■ 栽培方法

豌豆不喜高温，因此在秋天播种，在第 2 年的初夏采收。豌豆耐寒，幼苗越冬后在春天开花、结果。

播种地点　豌豆容易出现连作障碍，且难以适应酸性土，因此需要选择空了 3~5 年的地方，撒上苦土石灰后耕作。播种的 10 天前，每平方米倒入 1~2 千克堆肥，挖出宽 90 厘米的田畦。由于豆科植物的根瘤菌能固氮，因此在土地不

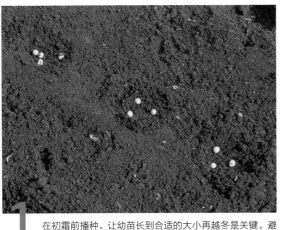

1 在初霜前播种。让幼苗长到合适的大小再越冬是关键。避免被鸟啄食，上面盖一层 2~3 厘米厚的土。

3 藤蔓可能会互相缠绕，在各株间搭好架子或网，使豌豆藤缠上搭架。

2 避免冷霜，在畦内铺上干草、搭架。在越冬前将豌豆培育到上图所示大小。

4 豌豆的花色有红色和白色。豌豆花也是一道美丽的风景线，用栅栏培育豌豆的视觉效果很好。

是很贫瘠的情况下，则不必施用氮肥，施用鸡粪和草木灰即可。

　　播种　在初霜前播种。不要过早也不要过晚，需要将豌豆培育到能耐寒越冬的大小，否则就会失败。10 月下旬~11 月上旬，按株距为 30~40 厘米，每处撒 3~4 粒种子，用手指将种子埋进土里，上面盖一层 2~3 厘米厚的薄土。

　　防寒　11 月下旬降霜后，气温越来越低，将幼苗北面的土堆高一些，以防止北风直吹。在根部铺上干草、落叶。即使幼苗叶片在冬天有些枯萎，只要根部健康，春天就还能茁壮生长。

　　搭架　春天，豌豆长出侧芽，开始生长，需要搭架或挂网。使豌豆藤缠上搭架，终于迎来了开放的豌豆花。

■ 采收

　　开花后，软荚豌豆成熟需要 12~20 天，甜脆豌豆成熟需要约 40 天，成熟后采收豌豆。软荚豌豆在豆荚柔软时采收，甜脆豌豆在豆粒饱满时采收。豌豆品种分早熟品种、晚熟品种，关于具体的采收时间，可在种子袋的包装上找到。

■ 病虫害

　　春天，茎叶变黄、枯萎是连作障碍的典型表现。其他病虫害的处理参考菜豆。

毛豆 豆科

注意不要被鸟啄食种子

毛豆（白鸟）

毛豆的花

茶豆

[栽培月历]

月	1	2	3	4	5	6	7	8	9	10	11	12
播种、采收			播种				采收					
田间管理			间苗 盆栽幼苗的定植 培土									
施肥			追肥									

■ 特性

毛豆的原产地是中国东北地区，营养价值高，自古传入日本，现在是日本夏天不可或缺的一种食物。新鲜的毛豆十分美味，采收后立即煮熟食用。因为食用的是未成熟的毛豆，采收期短也是一个特征。除最常见的青豆外，最近还出现了受欢迎的茶豆、黑豆等，这些颜色是指成熟时豆荚的颜色。

■ 品种

青豆的品种有"札幌绿""洗澡姑娘""白鸟"等，茶豆的品种有"福成"等，黑豆则有"浓姬"等品种。

■ 栽培方法

日照条件好时，则毛豆对土质的要求不高，在贫瘠的土壤也可以栽植。寄生于豆科植物的根瘤菌可固氮，所以栽植毛豆时几乎不需要施用肥料。但是毛豆不耐旱，日照时间长则需要及时浇水。

播种地点 之前已栽植过蔬菜的田地不需要基肥。对第1次栽植蔬菜的田地，为补充磷和钾，少量施用草木灰、复合肥并深翻。

[豆类]
毛豆

1 株距为15厘米，每处撒3粒种子。为防止鸟害和低温，可使用塑料薄膜罩。

3 长出4~5片真叶后，根据实际情况补充所需的磷、钾肥等并中耕、培土。注意不能施用过多氮肥。

2 用薄土覆盖后，种子也可能被鸟啄食，所以在长出真叶前，用防鸟网或拱棚进行保护。

4 采收时期过晚不仅会影响毛豆的口感，还可能出现虫害，因此在八成的果实变饱满后，将整株拔掉，进行采收。

播种 种子成熟后会变硬，播种前先用水浸泡一晚。天气转暖后的4月中旬，在宽60厘米的田畦内，按株距为15厘米栽植，挖出深2~3厘米的坑，每处撒3粒种子，栽种成2排。基肥可使用少量的草木灰和复合肥，适当深翻。如果要更早地播种，可以将种子播种在塑料盆内，用塑料薄膜罩覆盖，放置在暖和的地方。

间苗和定植 种子直播后，待真叶长出后，按每穴2株进行间苗。盆栽播种也需要间苗，长出2~3片真叶后定植。

追肥、培土 真叶长出4~5片后，观察生长情况，可少量施用复合肥。此后，进行2次中耕和培土，需要避免植株倾倒。

■ 采收

播种后80~90天，豆荚长大，里面的豆粒也变得柔软饱满，此时采收。茶豆、黑豆在未成熟时期是绿色的。采收后尽快用盐水煮开并冷冻保存。

■ 病虫害

播种后，需要做好鸟害对策。鸟害严重时，可选择先在盆里播种再定植。地温高的地方可能会产生啃食豆荚的菜螟幼虫、钻心虫等虫害，使用马拉硫磷、氯氰菊酯等农药进行防治。

[豆类]

蚕豆 豆科

采收的标志是豆荚由朝上变成向下

蚕豆的花

蚕豆

[栽培月历]

月	1	2	3	4	5	6	7	8	9	10	11	12
播种、采收						采收				播种		
田间管理		培土									铺干草	
施肥		追肥							基肥			

栽培要点

注意是否干旱或过度潮湿

用苦土石灰中和酸性

由于连作障碍，需要间隔 4~5 年栽植

特性

蚕豆的原产地是中亚至地中海沿岸地带。蚕豆不是很适应日本夏天高温潮湿的天气。因此在秋天播种，在第 2 年进入梅雨季节前采收，用盐水煮好后食用。豆荚内一般有 2~3 个大豆粒，完全成熟前的蚕豆十分美味；错过采收时期的蚕豆的甜度会降低；豆荚被剥开后，蚕豆的鲜度也会下降。

品种

大豆粒的蚕豆品种更受欢迎，晚熟品种有"河内一寸"，中早熟品种有"仁德一寸"，采收量大的品种有"陵西一寸"等。

栽培方法

蚕豆幼苗抗寒性强，不需要搭架，是一种不用花费很多精力、容易栽植的豆科植物。在天气转热前完成采收。

播种地点 蚕豆容易出现连作障碍，不喜酸性土，因此需要选择日照好、空置了 4~5 年的地方，撒上苦土石灰后翻耕。播种前 1 周，挖好宽 60~70 厘米的田畦，每株撒 2 把堆肥和复合肥，挖出排水沟后施肥。

●栽培顺序

1 按株距为 25~30 厘米，每处撒 2 粒种子，种脐朝斜下方、深度为 2~3 厘米栽植。天气寒冷时可使用塑料薄膜罩。

2 使蚕豆苗长到如图大小时越冬，铺上干草以防止过度土壤干燥，注意设置防风措施。干旱天气持续则需要浇水。

3 蚕豆开始生长，施用复合肥、中耕并培土。在开花前追肥，促进果实发育生长。

4 豆荚朝向天空则说明还不能进行采收。豆荚变成水平方向，里面的豆粒也变饱满后，根据需要进行采收。

　　播种　在初霜前的 10 月下旬 ~11 月上旬进行播种，株距为 25~30 厘米，每处撒 2 粒种子，将黑色种脐朝斜下方栽植，栽植深度为 2~3 厘米。芽和根会从种脐长出，注意正确的朝向。播种时期过早可能会导致成长过快，寒冷会影响发育。

　　铺干草　蚕豆虽然耐寒，但是干燥的冬天持续时间长，因此在 12 月中旬左右，在畦内铺上干草以防寒。长势不好则在天气暖和时浇水。

　　追肥、培土　进入春天后，蚕豆再次开始生长。除杂草、用复合肥追肥，中耕，培土，避免植株倾倒。在蚕豆 4~5 月开花前也需要追肥。需要注意的是氮过多可能会导致无法开花。摘除植株过多的侧芽，整枝后留下 4~5 根。

■ 采收

　　成熟的豆荚变得饱满、有光泽，豆筋部分变黑。蚕豆的豆荚会朝向天空，如果豆荚朝下，则说明可以开始采收。事先掌握好各品种所需的采收天数。表皮未变黑，说明还未到采收时期。采收后，蚕豆的鲜度会迅速下降，尽快用盐水煮后保存。

■ 病虫害

　　由于连作障碍会导致立枯病，处理办法是将植株全部拔除。过度潮湿引起的蚕豆锈病、蚕豆赤斑病等则需要喷洒农药。蚜虫、斜纹夜蛾等也需要用农药进行防治。

花生 _{豆科}

在地下结出豆荚的有趣豆科植物

花生的花

花生

[栽培月历]

月	1	2	3	4	5	6	7	8	9	10	11	12
播种、采收				播种								采收
田间管理					定植 培土							
施肥					基肥							

栽培要点

花生喜高温干燥、砂质土

开花后中耕、培土

采收后晒干

收获的关键在于苦土石灰

■ **特性**

花生的原产地是南美洲安第斯山脉地区。花生适应在高温环境中生长，授粉后，子房柄在土中结出豆荚，不耐霜冻。花生含有油酸、亚油酸和丰富的维生素 E，作为健康食品受到关注。新鲜花生与晒干后的花生味道不同，最近也流行盐煮花生。

■ **品种**

"中生丰""千叶半立"是最常见的品种。适合盐煮的品种有"乡香"。作为食品销售的花生不会发芽。

■ **栽培方法**

花生喜砂质土等排水性好的土质，适合在 25~30℃的温度下生长。花生的发芽温度高，容易被鸟或老鼠啃食，一般选择从幼苗开始定植。

播种 5 月上旬，向 3 号盆里倒入川砂，将 2~3 粒提前浸泡一晚的种子放入盆内，埋在 2 厘米深的土里。浇水后放置在暖和的地方，用塑料薄膜盖在表面。经 3~4 天发芽，每周施用 1 次液体肥料，直到幼苗长出 3~4 片真叶。

●栽培顺序

1 撒上足量苦土石灰后翻耕，直立型需要间隔 20 厘米栽植，匍匐型则需要间隔 30 厘米栽植。

2 除草、追肥、中耕、培土，使得子房柄更易在土里生长。为避免长出过多杂草，可铺上干草。

3 如图所示，当红圈内的花朵朝下，代表土壤中已经结出了果实。

4 从长在土里的子房柄前端结出豆荚。先确认土里花生的状态，再采收果实。

5 将整株挖出，抖落多余的土壤，清洗后风干，味道会更好。

定植 每平方米撒 5 把苦土石灰，在宽 70~80 厘米的畦内翻耕。土壤肥沃则可以少用基肥，土壤贫瘠则每株撒 1 把复合肥，挖好排水沟，将肥料和土壤混合，把挖出的土回填，按株距为 20~30 厘米进行定植。

追肥、中耕、培土 开花后，需要除草、中耕、培土，为授粉后的子房柄创造适宜生长的环境。如果生长状态不佳，可在除草后使用复合肥等进行追肥。

■ 采收

10~11 月，茎叶开始枯萎后，可尝试挖出花生，豆荚上出现网状纹路则可将整株都挖出来。用水清洗后堆在田畦内风干，味道会更好，还可以清洗后用盐水煮花生，煮好后将花生米剥出来。

■ 病虫害

金龟子会啃食花生。使用未成熟堆肥等容易诱发该虫害，因此需要注意基肥的使用。如果出现空豆荚多发的现象，可使用苦土石灰等解决问题。用苯菌灵、甲基硫菌灵、百菌清等防治黑斑病、褐斑病。

马铃薯 茄科

通过培土养出更大的马铃薯

马铃薯（男爵）

马铃薯（五月皇后）

马铃薯（伯爵）的花

[栽培月历]

月	1	2	3	4	5	6	7	8	9	10	11	12
栽种、采收			春种				采收 秋种					采收
田间管理			培土	摘芽								
施肥		基肥		追肥								

※ 田间管理和施肥是针对春种时的建议。

■ 特性

马铃薯的原产地是南美洲的安第斯山脉地区，喜 15~20℃的凉爽气候，昼夜温差大有利于马铃薯生长。市面上的许多品种是最适合种植在日本北海道地区的，但由于马铃薯适应力不错，在暖和的地区也能种植。马铃薯虽然含有许多淀粉，但热量只有白米饭的一半，含有丰富的维生素，适合和肉类一起烹调。5月，马铃薯会开出白色、紫色的花。

■ 品种

早熟品种的代表是"男爵"，还有"北赤""五月皇后""洞爷"等品种。适合秋天在暖和地区种植的晚熟品种有"农林 1 号""出岛"等。

■ 栽培方法

食用马铃薯即使被埋在土里，也会因为它们大部分都被处理过而导致不易发芽，或者由于带有病毒，最后会导致收成不好。在市面上选购检验合格的脱

●种薯的切块处理

选购检验合格的种薯，按每块 30~40 克切开，每块上有 2 个芽。

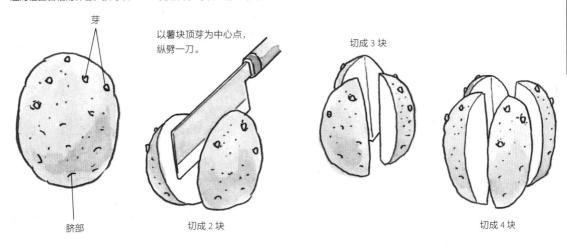

芽

脐部

以薯块顶芽为中心点，纵劈一刀。

切成 2 块

切成 3 块

切成 4 块

毒马铃薯种苗栽植。由于夏天的高温天气会使马铃薯停止生长，最好选择春种夏收或秋种的品种。栽植病害更少的春种品种更容易成功。

　　栽培地点　马铃薯喜兼具排水性和储水性的优良砂质土或黏质土，但对土质的要求不高。马铃薯也能适应酸性土，在哪里都能种植。深松后耙平起垄，垄底宽 60~70 厘米，排水不好的地方则将垄再堆得高一些，挖出深 20 厘米的种植沟，在基肥的基础上混合堆肥、腐殖土等，每株撒 2 把。基肥与底土混合后，将挖出的土以 5~6 厘米的厚度回填。

　　种薯　好种薯带来好收成。种薯的培育是为防止原植株的病毒进入种薯。在信誉良好的园艺商店选购种薯。

　　在栽种前的 1~2 天，需要将大整薯切成 30~40 克的小块。芽多的一面朝上，脐部朝下，注意要纵向切开。脐部是与原植株的根部相连的部分。切口可保持原样，任其干燥。

　　栽种　在霜冻天气结束的 3 月中、下旬，开始栽植种薯。按株距为 30 厘米，种在土层上，上面盖上 7~8 厘米厚的土，轻轻压实。

　　培土、保护　发芽前的 3~4 周和发芽后的幼苗，都需要做好防晚霜天气的对策。到气温稳定的 4 月下旬之前，培土后在幼芽上面再盖一层土，用干草、腐殖土等覆盖，做好防寒对策。

　　摘芽　所有的芽都长出来后，1 株会长出 5~6 个芽，养分被分散后，导致生长迟缓。发芽 1 个月后、幼芽长到 10 厘米高时，摘除长势不好的幼芽。由于根部相连，摘芽时需要避免其他芽倾倒。不仅是从地上部分摘除幼芽，需要从根部开始摘除。

　　追肥、培土　摘芽后 2 周，需要进行追肥、中耕、培土。每株撒 1 把复合肥，撒在植株周围，翻耕后培土。将田垄间挖出的土铺在根部，分 2 次培土，高度约为 3 厘米。

　　农药使用　防治病虫害的重点是对可作为病毒媒介的蚜虫、疫病的防治。对青枯病等农药无法防治的病害，一旦发现病株需立即拔除，避免病害蔓延。

■　采收

　　6~7 月，茎叶变黄并开始枯萎，可尝试挖出马铃薯，查看果实大小。新长出来的马铃薯长得足

1 凹进去的部分的对侧为顶部，长有许多芽，最好竖切。

2 切口风干，按株距为 30 厘米在种植沟内种植。上面覆盖 8 厘米厚的表土，轻轻压实。

3 发芽前的 3~4 周和发芽后，要做好除霜、防寒对策，在上面覆盖腐殖土等。

4 芽长得多时，在幼苗高 10 厘米左右时，留下 1~2 个芽，拔除多余的芽苗。

5 摘芽的 2 周后，撒复合肥，培土，这是使马铃薯长得更大的重要方法。

6 叶片长得茂盛时，注意有没有马铃薯冒出地面，在采收前还需要培土 3 次。

7 茎叶枯萎时，挖出 1 株，观察马铃薯的大小。在晴天采收马铃薯，晒半天。

●中耕、培土

在植株周围撒复合肥，避免伤到根部，在土层表面使其与土壤混合。然后将田垄间的土挖出，铺在根部周围。

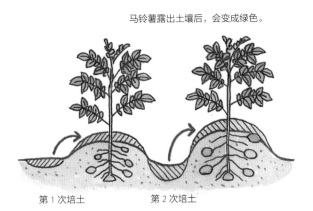

马铃薯露出土壤后，会变成绿色。

第1次培土　　　第2次培土

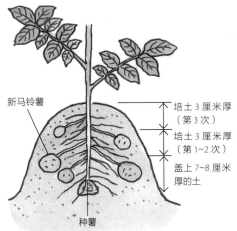

新马铃薯

培土3厘米厚（第3次）
培土3厘米厚（第1~2次）
盖上7~8厘米厚的土

种薯

够大时，将整株挖出来采收。为避免漏收，仔细确认是否已全部采收。选天气好的日子，将挖出的马铃薯在外面晒半天。若长时间放置，马铃薯会变绿，因此等马铃薯表皮附着的土壤干燥后放入箱子，保存在阴凉处。

■ 病虫害

马铃薯病毒病会导致叶片皱缩、无法舒展。粉痂病的表现是马铃薯表皮出现隆起的病斑，导致马铃薯品质下降。即使种薯本身没有携带病毒，未成熟的基肥、采收后土壤里残留了茎、根等情况也会导致病害发生。选购无菌种薯的同时，也需要十分谨慎地选用有机肥料。进入采收期后，如果雨天持续时间长，可能会导致植株腐坏和疫病等。使用代森锰锌和铜制剂进行预防。

啃食茎叶的马铃薯的甲虫如二十八星瓢虫带来的虫害非常严重。它们不仅啃食马铃薯，还会啃食茄子、黄瓜等作物，因此需要及早驱虫。二嗪磷、啶虫脒等对防治马铃薯甲虫有效，还可以防治蚜虫。蛾类会啃食叶片，当马铃薯长出地面后侵入果实，在采收后形成虫害，啃食马铃薯。因此需要通过培土将马铃薯埋在地下，在采收前喷洒杀螟丹等。

Q & A

马铃薯长不大？

培土环节没有做好的话，马铃薯就没有生长的空间。马铃薯长出地面则会变成绿色，因此需要在根部适当多培土。每次追肥时都培土2次，在采收前再培土1次。马铃薯长出地面容易引起各种病害，需要及时培土。

其次，马铃薯生长过程中，如果不进行摘芽，比如长出4个以上的芽，即使生长顺利，马铃薯也很难长大。如果希望种出大马铃薯，可以只留下1个芽，摘除其余的芽。最后，定植时间与马铃薯大小也有密切关系，定植过晚，马铃薯发芽也会更晚，生长时间缩短就只能采收小马铃薯。

胡萝卜、迷你胡萝卜 （伞形科）

发芽后，认真养护

迷你胡萝卜（比克）

胡萝卜（鲜红五寸）

胡萝卜（金时）

[栽培月历]

月	1	2	3	4	5	6	7	8	9	10	11	12
播种、采收		短根品种播种					采收					
					长根品种							
田间管理			铺干草	间苗								
			培土									
施肥		基肥		追肥								

※ 田间管理和施肥的时间是针对短根品种的建议。

■ 特性

胡萝卜的原产地是中亚、阿富汗一带，喜 18~22℃的凉爽气候。胡萝卜发芽缓慢，发芽后生长也比较迟缓，但含有丰富的维生素等营养成分，不仅根部含有胡萝卜素，叶片中也含有大量胡萝卜素。迷你胡萝卜一般采用盆栽法种植，还有可以生吃的品种。

■ 品种

比起长根品种，短根品种更易栽植，品种也更丰富。春种和夏种的品种有"向阳二号""时无五寸""β-富含"等。春种品种还有"稻荷五寸""明日红五寸"等。迷你胡萝卜有"比克""小胡萝卜"等品种，圆形品种有"小步舞曲"等。

■ 栽培方法

如何使不易发芽的种子得以顺利发芽是最重要的一点。为此，需要从田畦

●播种地点的准备

选择已经使用过堆肥的地方。在播种 2 周前，每平方米撒 2 把苦土石灰和复合肥，田畦深约 30 厘米。未种植过蔬菜的地方则需要先施用堆肥。

在播种前挖好田畦

2 把苦土石灰

2 把复合肥

30 厘米

浇水

40~50 厘米（短根品种）
60~70 厘米（长根品种）

●播种

发芽率低。在湿润的土壤上播种，盖上一层薄土后，用锄头背面把土压平。

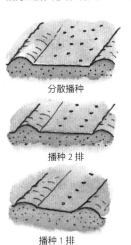

分散播种

播种 2 排

播种 1 排

的翻耕就开始重视。

播种地点 胡萝卜不容易出现连作障碍，但是容易出现胡萝卜根结线虫的病害，因此在上一轮采收结束后，最好对土壤进行消毒。胡萝卜不适应酸性土壤，在播种前 2 周或更早，每平方米撒 2 把苦土石灰，作为基肥的复合肥也撒 2 把，仔细翻耕。如果田地出现结块，容易对根部造成损害，在种植上一轮时施用堆肥，播种前在田垄间施用堆肥。田畦深约 30 厘米、宽 40~50 厘米（长根品种为 60~70 厘米）。

播种 容易栽植的品种是 3~4 月的春种品种或 9 月的秋种品种。大约在樱花开放时进行春种。长根品种则在梅雨季节快结束时播种，此时土壤也含有充足水分。

在田畦内挖出 2 条深 1 厘米的播种沟。播种结束后在上面覆盖一层薄土，把土压实。浇水要充足，到发芽前注意保持土壤湿度。上面覆盖的土层过厚、土壤过于干燥，胡萝卜种子都不会发芽。在上面铺一层干草、谷糠等防止干燥。但是不能铺得太厚，铺得太厚也不能发芽。发芽需要约 10 天时间，铺干草有利于减少杂草的生长。

间苗 顺利发芽后，早期生长也可能遇到困难，逐渐进行间苗。真叶长出 1~2 片后，进行第 1 次间苗。对于缠到一起的部分，摘除长势不好的幼芽。真叶长出 5~6 片时，进行第 2 次间苗，最终的株距为 10~15 厘米。由于根系也在生长，因此不要随意挖开，注意保护根部。没有做好间苗工作，不利于根系的生长，就不能结出品质好的胡萝卜。迷你胡萝卜最终的株距为 5~8 厘米。

追肥、培土 间苗时，在垄上撒满草木灰、复合肥，中耕后培土。第 2 次追肥时，每株撒 1 把，田垄整体施肥后培土。肥料不足则根系无法发育。

夏天的干旱天气持续时需要注意浇水。

■ 采收

三寸胡萝卜在发芽后 80~90 天采收。五寸胡萝卜在发芽后 100~120 天采收。长根品种在发芽后 120~140 天采收。叶片变黄则说明采收过晚，根部可能会出现裂根现象或变硬。挖开表面的土壤可以确认胡萝卜的生长情况，然后再采收胡萝卜。采收方法是抓住根部附近，全部拔出来。

1 使用棍棒压出播种的浅沟并播种。短根品种可播种 2 排，长根品种则播种 1 排。

3 发芽需要约 10 天，在干草上面浇水，防止土壤干燥。

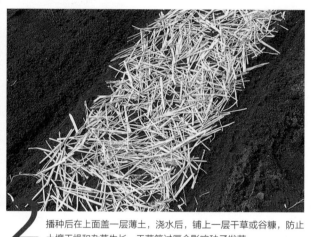

2 播种后在上面盖一层薄土，浇水后，铺上一层干草或谷糠，防止土壤干燥和杂草生长。干草等过厚会影响种子发芽。

4 真叶长出 1~2 片后，进行第 1 次间苗，真叶长出 5~6 片后，进行第 2 次间苗，最终的株距为 10~15 厘米。

采收量大时，将采收的带泥胡萝卜保持原样埋在土里，这样可以保存一段时间。如果没有可以埋的地方，用报纸包裹带泥的胡萝卜，保存在阴凉处。

■ 病虫害

胡萝卜的病虫害比较少，为避免在采收时出现胡萝卜根结线虫导致的根部分叉，需要提前做好防治作业。根结线虫容易出现在干燥的田畦里。堆肥施用过少也是原因之一。建议施用完熟的堆肥后仔细翻耕，改良土壤，防止干燥。在轮作系统中加入万寿菊，也可以减少根结线虫。还可以使用噻唑膦进行防治。其次，在高温天气下，导致叶片变黑的黑叶枯病、黑腐病等也容易发生。注意肥料是否充足，在生长期喷洒百菌清。

夏种和秋种需要注意防止蟋蟀啃食植株，导致枯萎。除了使用甲萘威外，在地面上撒农药二嗪磷颗粒剂也有良好的效果。发现金凤蝶的幼虫后迅速杀虫，或使用马拉硫磷乳剂进行防治。

5 根系也需要生长空间，间苗后将胡萝卜埋入土内。株距过小，则根部无法长大。

7 土壤的养分会被杂草夺走，因此需要及时处理杂草，边中耕边除草。

6 间苗后，施用草木灰和复合肥促进根部生长。这一时期最重要的是确保肥料充足。

8 观察果实的大小后进行采收。采收量大时，可将挖出过的胡萝卜斜插入地面保存。

Q & A

使用花盆栽种植胡萝卜？

迷你胡萝卜可以在花盆中种植。4~9 月，使用大型盆栽容器、种植蔬菜的土壤和肥料就能栽植。在容器内播种 2 排，上面覆盖一层薄土并充分浇水，为避免土壤干燥，上面再覆盖一层腐殖土。之后从腐殖土表面向盆内浇水。真叶长出 2 片后开始间苗，到长出 4 片前完成间苗，株距为 6 厘米。用液体肥料作为追肥，用刮板或筷子松土并中耕。播种后约 70 天（根据品种确认采收天数），根部直径长到 1.5 厘米则开始采收。用于制作蔬菜沙拉、生吃的迷你胡萝卜品种丰富，而且叶片和根部也含有大量维生素，可一起食用。

迷你胡萝卜发芽困难，这一点和胡萝卜是相同的。一个方法是将樱桃萝卜的种子和迷你胡萝卜一起播种在同一个盆栽内，采收樱桃萝卜（参考第 83 页）后，再采收胡萝卜。

甘薯 旋花科

采收香甜饱满的甘薯

甘薯（红东）

甘薯（黄金千贯）

甘薯（山川紫）

[栽培月历]

月	1	2	3	4	5	6	7	8	9	10	11	12
定植、采收				定植			早收品种采收				普通品种	
田间管理				早收品种培土 普通品种培土			整枝 整枝					
施肥				基肥		早收品种追肥		普通品种				

■ 特性

甘薯并非根茎，而是从叶柄基部长出的不定根，不定根中的一部分生长成甘薯。甘薯原产于中美洲、墨西哥一带，传入日本后从冲绳传到鹿儿岛，再传向全国。甘薯加热后，口感更香甜，膳食纤维含量丰富也是其一个特征。在贫瘠土地也能生长，生命力旺盛，易于栽植，是一种优秀的能量来源，种植蔬菜的新手也不用担心不好栽种。顺着藤蔓挖甘薯是一大乐趣。

■ 品种

日本关东地区曾流行过"红赤（金时）"品种，但由于栽培有难度，最近市面上越来越少见。现在市面上常见的是容易栽培、口感软糯的"红东"、早收品种"高系 14 号"等。除此之外，市面上还有表皮和果肉都是黄白色的"黄金千贯"、红薯"紫优"等品种，有形状大小、颜色各不相同的品种及地方品种等。

●幼苗的种植方法和甘薯的种植方法

一般来说，甘薯幼苗与田垄平行种植。甘薯的根会长越大，采用上述种植方法能结出更多的甘薯。

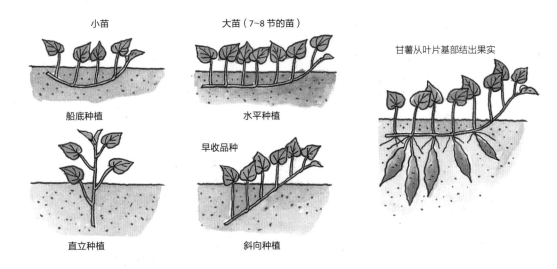

小苗　　　　　大苗（7~8 节的苗）

甘薯从叶片基部结出果实

船底种植　　　水平种植

直立种植　　　斜向种植

早收品种

■ 栽培方法

甘薯不可或缺的种植条件之一是日照，喜 20~35℃的高温。在冲绳和九州种植早收品种需要利用塑料棚。在青森县以北的地区栽培甘薯比较困难，因为难以满足发芽的条件，但可以购买幼苗定植培育。

栽培地点　土壤湿度高会导致甘薯长势不好，或是不能长大，或是长成后纤维很多。仔细翻耕，排水不好的地方需要高垄，或是利用砂石、珍珠岩等改善排水条件。此外，日照不好、氮过多的土壤也不适合种植甘薯。谨慎选择栽培地点。

定植的 1~2 周前，挖出 15 厘米的沟，在沟底埋上一层 5~6 厘米厚的草木灰、完熟的堆肥、腐殖土等。如果土壤比较贫瘠，还需要少量施用过磷酸钙、复合肥，从沟的左右两边挖出 10 厘米厚以上的土壤。种植甘薯需要高垄，宽 60 厘米。

选苗　甘薯的幼苗是长有 5~6 片真叶的茎。甘薯幼苗是从种薯发芽而来的，且已经将根剪除。5 月上旬，甘薯幼苗上市，选购长势良好、饱满的茎。选购的幼苗在定植前一晚提前浇水。

定植　在田垄的顶点，按 30~35 厘米的间隔平行种植甘薯幼苗，用手指将其按入土中 2~3 厘米。一般是水平种植。若希望早点采收时，可采用斜向深种或直立种植。甘薯从叶片的基部向两侧长出。为了使叶片基部充分埋入土壤，上面用土压平，充分浇水，防止土壤干燥。

发根　地温约 18℃左右时，经过 2~3 天，最晚 10 天左右，甘薯就会发根。希望早点种植时，可使用塑料薄膜提高地温，防止杂草生长。由于没有根，定植后的幼苗看起来像倾倒在田垄内一样，不用担心这一点。浇足水。生根后，幼芽也会不断生长。

追肥、培土　基肥充足的情况下，茎叶生长情况良好，不一定需要追肥。若种在类似砂质土的保肥性差的土壤里，需要在定植后约 40 天在株间和垄间追肥，每株撒 1 把肥料。

长出 2~3 根甘薯藤后，除去杂草，松土，培土。松土能使土壤中含有空气，让甘薯生长得更好。

整枝　随着气温上升，甘薯藤的生长也会加速。这是贫瘠土地也能栽培的甘薯所独有的旺盛生命力。任由甘薯生长则不好管理，应将甘薯藤上长出的根剪除。除去杂草，少量施用草木灰或熟石灰。

1 选购长出 5~6 片真叶，茎比较饱满的幼苗。一般是好几根幼苗一起销售。

4 只看得到叶柄和叶片，浇足水。虽然幼苗没有立起来，但也会发芽。

2 由于没有根，像鲜切花那样，不泡在水里则会枯萎。在种植前一天泡在水里。

5 长出根后，叶片长势也会更好，停止浇水。从顶端长出新芽。

3 将幼苗与田垄平行种植，用手指按压茎的节间，将其按入土中 2~3 厘米。

6 藤蔓生长时，进行除草、中耕、培土。不断长出新芽时则不需要进行追肥。

这是为了让养分集中于从甘薯苗上长出来的根部，甘薯的品质也会变得更好。

■ 采收

在 8 月左右，早收品种可开始采收。普通品种在 10~11 月采收。将甘薯挖出，确认大小，判断采收时期。种植甘薯较多时，可先从一株开始采收。先清理表面，顺着藤蔓将甘薯挖出。如果中间断掉，则可能漏收甘薯。在采收量大的情况下，用锄头挖也是一个办法，注意不要伤到甘薯。挖出的甘薯按原样放置半天，甜度会增加。

"红东"是越饱满越好吃，形状细长的则口感不好。饱满的甘薯口感软糯，香甜可口。但是过晚采收甘薯则会导致其表面裂开，味道变差，因此要在降霜前完成采收。保存甘薯时避免干燥和低温，用报纸包好后保存在室内。还有一种保存方法是在无霜冻的地方挖洞，确保空气流通，将甘薯

7 甘薯生命力旺盛，在夏天会迅速生长。将藤蔓翻到上面。

10 顺着藤蔓采收甘薯，注意不要漏下甘薯，采收后按原样放置半天。

8 对甘薯藤蔓整枝后，在叶片上面撒草木灰，也可以在除草后撒熟石灰。

9 将手伸进土壤里，确认甘薯的大小后进行采收。在离藤蔓稍远的地方挖甘薯。降霜前完成采收。

● **保存方法**

将挖出的甘薯晒半天，去除泥土后，埋在排水好的洞内。

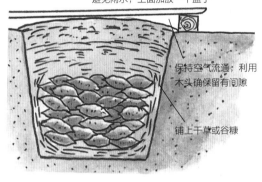

避免雨水，上面加放一个盖子

保持空气流通；利用木头确保留有间隙

铺上干草或谷糠

埋在洞里。此外，"红赤"在采收后品质会迅速下降，不易保存。

■ 病虫害

甘薯的病虫害较少，但是一旦发生啃食叶片的甘薯天蛾、斜纹夜蛾等虫害，处理起来比较麻烦。甘薯麦蛾的幼虫会导致叶片卷缩。一旦发现虫害，需立即杀虫，或使用醚菊酯、稻丰散乳剂。金龟子的幼虫会啃食根部，需喷洒农药防治。针对病害，选择无菌种薯培育的幼苗，可提高抗病性。

Q & A

甘薯长不大？

肥料过多，会导致茎叶旺盛生长，但甘薯没有生长。尤其是注意氮肥不能过多。针对肥沃的土壤，可栽植肥料使用越多，采收也越早的早收品种，比如"高系14号""黄金千贯"等。另外，甘薯长成类似细长牛蒡的原因在于定植时的环境，如土壤干燥、土壤变硬导致的通气性下降、地温过高等。天气转暖后，在田垄内铺上塑料薄膜，会导致白天的地温过高。

萝卜

营养丰富，叶片也可食用

十字花科

青头萝卜

萝卜（耐病早生）

萝卜（圣护院）

[栽培月历]

月	1	2	3	4	5	6	7	8	9	10	11	12
播种、采收		春种播种			采收	夏种		秋种				
田间管理		春种培土				夏种		秋种				
施肥		基肥	春种追肥		夏种		秋种					

栽培要点

- 避免出现空心萝卜，及时采收
- 不在种子下面施基肥
- 不留土壤结块
- 仔细深耕，

■ 特性

萝卜原产于地中海沿岸地带，喜凉爽，一年四季都可栽植。萝卜含有的促消化成分可以帮助消化，叶片比根部的营养价值更高。

■ 品种

自约 30 年前"耐病总太"品种上市以来，青头萝卜一直是主流。还有长约 40 厘米的"夏早生三号"，短粗型的"喜好"和秋种的"圣护院"等品种。

■ 栽培方法

萝卜耐寒，在 18~20℃的温度下生长，秋种更易栽培。类似花岗岩的硬土，适合选择短粗型品种。

播种地点　选择排水性好的地点，在播种前的 2 周以上，每平方米撒 2 把苦土石灰。按 30~40 厘米的深度翻耕，疏松结块的土壤。土壤贫瘠则需要使用堆肥和复合肥，挖宽 60~70 厘米的田畦。

播种　在深 3~4 厘米的沟内每隔 25~30 厘米的距离撒 1 把复合肥，以此作为基肥。在基肥和基肥之间撒 5~6 粒种子，每粒相隔 1 厘米以上。铺上一层薄土，

● 栽培顺序

1 在沟内按照 25~30 厘米的间距播种 5~6 粒种子，采用点播的方法，使用复合肥，避开施肥处播种。

2 由于发芽后真叶的顶端还附有种皮，鸟类容易啄食。需要做好防鸟管理。

3 真叶长出 1~2 片后，进行第 1 次间苗，长出 3~4 片后进行第 2 次间苗，在间苗后追肥、培土。

4 真叶长出 5~6 片后，按照每处 1 株进行间苗管理，追肥、培土。间苗后多余的萝卜苗可做成小菜。

5 容易发生蚜虫虫害，定期喷洒农药等。提早做好应对。

6 根据青头萝卜长出地面的部分，判断是否可以采收。

浇水后，过 2~3 天就会发芽。

间苗 发芽 10~15 天后，真叶长出 1~2 片，开始间苗，每处控制在 3~4 株；真叶长出 5~6 片后，按每处 1 株间苗。间苗时，固定好根部，把剩余部分连根拔出。

追肥、培土 第 2 次追苗开始，在田畦内各撒 1 把油渣、复合肥等作为追肥，中耕、培土。除青头萝卜以外，其余品种不用培土，有些品种不耐日晒，不同品种特征各不同。

■ 采收

春种和夏种的品种在播种后 40~60 天采收，秋种的早熟品种在播种后 50~60 天采收，最晚也要在播种后 90~100 天采收。叶片舒展说明采收日期接近，根据露出地面的萝卜的状态，及时采收。采收过晚则会导致空心。叶柄的断面上有空洞，则说明萝卜出现了空心。在初霜前结束采收。秋天采收的品种在早春播种，容易栽植。

■ 病虫害

高温天气容易导致蚜虫的虫害、花叶病。夏种则容易出现啃食根部的黄曲条跳甲等虫害，在播种时，将啶虫脒等和土壤混合，可进行有效防治。通过避免连作来防治土壤导致的软腐病。

[根菜类]

樱桃萝卜 十字花科

分散播种时间，一年四季都可以采收

樱桃萝卜（白色冰期）　　　　　　　　樱桃萝卜（赤丸）

[栽培月历]

月	1	2	3	4	5	6	7	8	9	10	11	12
播种、采收			播种 　　　采收									
田间管理			间苗									
施肥			基肥									

栽培要点

● 注意水分是否充足

● 做好间苗，使根部充分生长

● 避免过晚采收

■ 特性

樱桃萝卜也被称为"二十天萝卜"，从播种到采收，大约需要1个月时间。生吃略带辣味，富含维生素C。错开播种时间，就能在想吃的时候随时采收。

■ 品种

红色的圆形品种有"彗星""红门铃"，白色的圆形品种有"白色珍惜"，白色长萝卜品种有"雪小町"等，还有色彩丰富的"五彩"和上红下白的"红白"等品种，采收时更有趣。除盛夏外，其他时候几乎都可以栽植。

■ 栽培方法

根的生长温度在15℃左右，春天和秋天更易栽植。各品种所需的生长时间各不相同，一般在种植30天后采收。

播种地点　樱桃萝卜适合种在排水性和通气性都好的软土里，不喜酸性土，因此种植前在田畦内撒上苦土石灰并翻耕。使用堆肥和复合肥后，挖好田垄。盆栽则只需放入栽培用土。

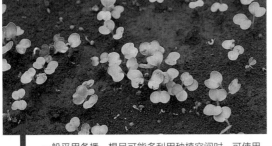

● 栽培顺序

1 一般采用条播，想尽可能多利用种植空间时，可使用撒播。

2 叶片缠绕到一起时间苗。间苗后，注意压平表面。

3 随着樱桃萝卜的成长，需要控制株距。真叶长出 3~4 片后，株距为约 5 厘米。

4 从土表能看到萝卜的生长情况，确认大小后采收。趁早采收更加美味。

● 盆栽种植的栽培顺序

1 2 排之间间隔 10 厘米，进行条播，注意水分、肥料是否充足，放置在日照好的地方。

2 如果肥料、水分不足，则根部无法生长。过晚采收，容易出现空心萝卜。

　　播种　按 15 厘米的间距（盆栽时间距为 10 厘米）挖沟，注意种子不能撒得过于集中，采用条播。上面盖一层薄土，轻轻压实，充分浇水后用报纸盖在表面。注意是否干旱，及时浇水，3~5 天后发芽。

　　间苗　长出 3~4 片真叶后，分几次间苗，株距为 5 厘米。基肥充足，长势良好则不需要追肥。长势不好时需要使用复合肥或液体肥料。

■　采收

　　真叶长出 5~6 片时，观察冒出地表的萝卜大小，确认生长情况后开始采收。天气暖和后，采收过晚则会导致萝卜空心，注意及时采收。

　　如果根部一直没有生长，可能是由于日照不好、过于干旱、肥料不足等原因。由于盆栽放置在日照好的地方容易干燥，要注意及时浇水。

■　病虫害

　　由于樱桃萝卜是用于生吃的，尽量不要使用农药来处理蚜虫等虫害，一旦发现立即驱虫。高温潮湿的天气容易导致病害，注意通风是否良好，夏天还需要防晒。

芜菁 十字花科

采收的时机决定果实的大小

芜菁（金町小芜菁）

红芜菁

[栽培月历]

月	1	2	3	4	5	6	7	8	9	10	11	12
播种、采收		春种播种			采收			秋种				
田间管理		间苗										
		培土										
施肥		基肥		追肥								

栽培要点

● 秋种更易栽植，采收期也更长

● 注意施肥等，种于储水性好的土壤里

● 注意株距，确保果实的生长空间

■ 特性

芜菁类似又甜又短的萝卜，传入日本的时间比萝卜更早，日本各地都培育了当地的特有品种。芜菁喜凉爽，栽培方法和萝卜基本相同，但芜菁的根更短，栽培期也更短。

■ 品种

在同一采收期可以采收小芜菁、大芜菁的"耐病光"，由于根部强健而受欢迎的"金町小芜菁"等品种易栽植。此外，小芜菁的品种有"MIYASHIRO""CR白根""福小町"等，中等大小的品种有"玉波""天鹅"，适合制作泡菜的大芜菁品种有"圣护院大丸芜""早生大芜"等。红芜菁的品种也十分丰富。

■ 栽培方法

适宜芜菁生长的温度和萝卜的基本相同，小芜菁在栽植 40~50 天后开始采收，秋种是最简单的方法。春天、夏天的气温偏高，受干旱的影响，病害容易多发。将种子分成 2~3 次播种，可以延长采收期。

●栽培顺序

1 在田畦上挖出浅沟，撒播或条播，按 2 排播种。上面盖一层薄土。

2 叶片拥挤时则开始间苗。不一次性拔完，以叶片接触程度为基准进行。

3 真叶越长越大，叶片数量增加后间苗。多余的幼苗可作为小菜食用。

4 按如图所示的距离间苗后追肥、中耕、培土。真叶长到 5~6 片时，株距需要达到 10~15 厘米。

5 从露出地面的部分观察芜菁的生长情况，及早采收。过晚采收则可能造成裂根、病虫害多发。

　　播种地点　播种 1 周前，施用堆肥后仔细翻耕。芜菁喜储水性好的黏质土，也能适应酸性土。在田畦内挖出浅沟，使用少量的复合肥，按 2 排进行条播或撒播，然后覆土 2~3 厘米厚。田畦宽 90~100 厘米。

　　播种　在土壤上面按 1.5 厘米的间距播种。空间充足则可撒播，上面覆盖一层 0.5~1 厘米厚的土，轻轻压平，浇足水。春秋时 2~3 天后可发芽。

　　间苗　长出真叶后，如出现叶片拥挤的现象，则需要间苗。真叶长到 5~6 片后，株距需要保持在 10~15 厘米。

　　追肥　第 2 次间苗后的每次间苗都在株间撒复合肥或油渣，与土壤混合后培土。培土后芜菁表面会白得更光洁。此外，干旱时需要浇水，同时追肥，比如追施液体肥料。

■　**采收**

　　秋种在播种后 40~50 天可采收小芜菁，根据品种不同，也可等芜菁长大一点后再采收。但过晚采收可能会导致空心或裂根，需要多加注意。

■　**病虫害**

　　用稻丰散乳剂和马拉硫磷等防治蚜虫、黄曲条跳甲、菜叶蜂等虫害。

芋头

天南星科

轻松采收大量芋头

采收的芋头

芋头

[栽培月历]

月	1	2	3	4	5	6	7	8	9	10	11	12
栽种、采收			栽种								采收	
田间管理				催芽定植	铺干草							
					培土							
施肥				基肥	追肥							

栽培要点

● 到采收为止需要半年以上的时间，做好栽培计划

● 选择排水好的地方

● 不连作，需要休耕 4~5 年

■ 特性

芋头原产于东南亚，软糯的口感是其特色。芋头的种植需要花费时间，但无须过多精力就能采收大量子芋，如果有合适的田地，不如试试栽植芋头。

■ 品种

按食用部位分类，食用子芋的品种有"石川早生""土垂"等，食用母芋的品种有"八头"，子芋和母芋皆可食用的"赤芽大吉"是市面上常见的品种。子芋品种一般是青茎，母芋或兼用品种的红茎都可食用。

■ 栽培方法

芋头喜 25~30℃的温度。日照好，芋头的生长也会旺盛，但叶片生长时，根部相对较浅，要注意是否干旱。

栽培地点　如果土壤排水性好，则芋头对土质的要求不高。栽植于砂质地等容易干燥的土壤时，注意及时浇水，铺干草等防止干燥。在宽 90 厘米的田畦内挖出 15 厘米深的播种沟，使用堆肥和骨粉等有机肥料，每株撒 2 把，覆土 2~3 厘米厚。

1 注意不要弄反上下朝向，按间距为 30 厘米种植种芋。将尖的一头插入土里。

4 天气寒冷，可以采用栽培箱培育，发芽后定植，培育到如图所示大小后再定植。

2 使用塑料薄膜提高地温，可促进发芽。发芽后，将部分塑料薄膜剪开或用手指弄破。

5 在发芽后 3 周进行第 1 次追肥，再过 1 个月进行第 2 次追肥。培土，以避免子芋露出地面。

3 发芽需要 2~3 周。长出真叶后，撤掉塑料薄膜。尽早除去杂草。

6 梅雨季节结束后，叶片舒展。叶片越长越大，说明芋头也在发育。高温干旱的天气下容易缺水，铺干草有助于缓解干旱。

栽种 在樱花开放的时候，栽种幼苗。将种芋圆头长芽的一端朝上，按 30 厘米的间距种植，芽上面覆盖 5~6 厘米厚的土后浇水。发芽温度为 25~30℃，将塑料薄膜铺在田畦上。2~3 周后发芽，再将塑料薄膜剪开。

催芽定植 地温低时可以使用栽培箱，上面覆盖塑料薄膜或玻璃板以保温。白天放置在室外，接受日晒，晚上将栽培箱移回室内。真叶长出 3 片后定植。

追肥、培土 发芽后 3 周进行追肥，过 1 个月后再进行追肥。在每株幼苗周围撒 1 把油渣和复合肥等，进行中耕。第 1 次培土需要 5 厘米厚，第 2 次培土需要 10 厘米厚。

铺干草 真叶开始舒展生长时，撤去塑料薄膜，为应对夏天的高温天气，在梅雨季节快结束前拔除杂草，铺干草。

■ 采收

初霜前，选晴天将芋头挖出来。将芋头一个一个分开，把带泥的芋头放在通风好的地方阴干。可将芋头储藏在排水好的土里。

■ 病虫害

一旦发现啃食植株的芋双线天蛾，就需要立即消灭。斜纹夜蛾尤其喜欢啃食芋头，针对其幼虫可使用稻丰散乳剂。不用过于担心蚜虫、叶螨、污斑病、花叶病、软腐病。

牛蒡（瀑野川）

[根菜类]

牛蒡 菊科

香气十足，还有可生吃的品种

牛蒡（节食）

[栽培月历]

月	1	2	3	4	5	6	7	8	9	10	11	12
播种、采收			春种播种			秋种				采收		
田间管理			间苗		培土							
施肥		追肥										

※ 田间管理和施肥是针对春种的建议。

■ 特性

牛蒡原产于中国至叙利亚一带。牛蒡含有丰富的膳食纤维，表皮和果肉既富含营养，又散发香气。尤其牛蒡中含有的菊粉这一成分，可以降低血糖，因而备受关注。其根系越长，栽培期也越长，最近开始流行根系短的品种。

■ 品种

从春天到秋天都可播种的"渡边早生"、细长的瀑野川系列的"山田早生"等品种，比普通的牛蒡更短粗的"沙拉女儿"，适合生吃的"节食"等是易栽植的品种。

■ 栽培方法

牛蒡适宜 20~25℃ 的温度，也可耐受 30℃ 以上的温度。根据情况选择春播秋收，或初秋播种，在第 2 年的夏天采收。其栽培期长，如果田地不足，最好选择根系较短的牛蒡品种。

播种地点　由于连作障碍，与前作需要相隔 4~5 年。牛蒡的采收量受到土

●栽培顺序

1 间隔 15 厘米，每处撒 3~4 粒种子，可采用点播，或如图所示采用条播。2 周后发芽。

2 真叶长出后间苗。将过大或过小的幼苗拔除，控制剩下的幼苗大小基本相同。

3 真叶长出 3 片后，按株距为 15 厘米间苗，然后重复 2 次追肥（复合肥）、中耕、培土。

4 地上的部分开始枯萎后，确认根部大小，大小合适则开始采收。采收时先将茎叶剪短。

5 注意不伤到根部，从根部的侧面开始深挖，洞口不必过大。

6 使牛蒡倒入挖出的洞内，再将其挖出。注意要在不折断根部的情况下采收牛蒡。

质的影响，比起干燥的火山灰土，冲积土更适合，种出的牛蒡果肉紧实，香气十足。播种 2 周前，为中和酸性土，撒上苦土石灰并深耕，田畦宽 40 厘米。这时不施用基肥，对于贫瘠的土壤，在发芽后沿着生长的幼苗，每平方米施用 3~4 千克堆肥和 2 把复合肥。

播种　在 4~5 月或 9 月下旬，按 15 厘米的间距，每处撒 3~4 粒种子。在上面覆盖薄土后压平，浇水。土层过厚则会将阳光挡住，导致无法发芽。

间苗、追肥　发芽大约需要 2 周时间，真叶长出 3 片后，每处种植 1 株幼苗，分 2~3 次进行间苗。高度长到 30 厘米前，需要进行 2 次追肥并中耕、培土。

■ 采收

各品种所需的栽培期不同，茎叶长大并开始枯萎时，可适当挖开土壤，确认牛蒡生长情况后再采收。将叶柄剪下，顺着根系挖土，从土里拔出牛蒡。保存方法是将挖出的牛蒡斜插入土中。

■ 病虫害

注意防治蚜虫、甘蓝夜蛾、切根虫类等虫害。

生姜（三州）

生姜 姜科

注意是否缺水，促进根部生长

采收的生姜

[栽培月历]

月	1	2	3	4	5	6	7	8	9	10	11	12
栽种、采收			发芽	栽种							采收	
田间管理					培土		铺干草					
施肥				基肥			追肥					

栽培要点

● 避免连作，需休耕 3~4 年

● 将催芽后的种姜浅种

● 铺干草以避免土壤干燥

■ 特性

生姜原产于亚热带地区，其辛辣成分具有杀菌作用，是调味类食物，在中药中也有添加，用于治疗胃肠疾病。7~11 月上市的新生姜，食用的是根茎部位，还有作为种姜使用的生姜。采用软化栽培技术的谷中生姜等品种，经常用于生吃或做成腌渍菜，叶片也可食用。

■ 品种

最普通的品种有重量为 500 克左右的"三州""骆驼"等。更大型的品种有"近江"，小型的品种有"谷中""金时"等。

■ 栽培方法

定植种姜后，根据不同的用法进行采收。注意防止土壤干燥和过度潮湿。

催芽 选购健康的种姜，切成小块，每块保留 3 个壮芽，重量约 60 克。生姜发芽需要的温度较高，在栽培箱内按 7∶3 的比例放入腐殖土、红土，上面盖一层 3~5 厘米厚的土，把种姜埋在下面，放置在暖和的地方。发芽大约需要 1 个月。

1 栽种种姜。将带有 7~8 厘米长的芽的种姜种在表土上，盖上约 5 厘米厚的土，使得姜芽露出土表，不要种太深。

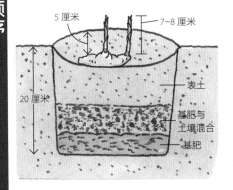

5 厘米
7~8 厘米
20 厘米
表土
基肥与土壤混合
基肥

3 根部生长，新芽也不断舒展。每 2 周除草后追肥、中耕、培土，需重复 3 次。

4 叶片生长不繁茂，说明生姜根部也没有长大。不要忘记除草。

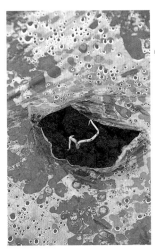

2 在地面铺塑料薄膜，防止土壤干燥。定植的部分用手指或剪刀破开。

5 根部附近变红，食用叶片的生姜就可以开始采收了。叶片枯萎时开始采收嫩姜。

栽培地点　需要与前作相隔 3~4 年，选择兼具排水性和储水性的肥沃土壤，播种前深耕。定植前 2 周撒苦土石灰，并与土壤混合。种姜长出 5~6 个芽后，生长需要更多的养分，因此在 1 周前需要使用堆肥和复合肥，并在种姜上铺好表土。

栽种　间隔 30 厘米种植种姜，只留芽苗的顶端露出土层表面。注意不要种得太深。

追肥、铺干草　第 1 次追肥是在主茎长出 5~6 片叶片后。之后，每隔 2 周，在植株的两边按每平方米撒 2~3 把复合肥进行追肥、中耕、培土等，总共重复 3 次。梅雨季节结束后，为防止土壤干燥，铺干草。

■ 采收

夏天开始，根部会变红，可以开始采收食用姜叶的品种。之后，叶片变黄，根部膨大，可以采收嫩姜。最迟在降霜前完成全部采收。

■ 病虫害

夏天，叶片变黄可能是因为缺水，应注意浇水。如果出现连作障碍，种姜会迅速枯萎。还需注意防治玉米螟和切根虫等虫害。

白菜

降霜后开始采收

十字花科

采收的白菜

白菜（富风）

笋白菜

[栽培月历]

月	1	2	3	4	5	6	7	8	9	10	11	12
播种、采收		春种播种					采收					
							秋种					
田间管理		间苗										
			培土							防霜冻		
施肥		基肥	追肥									

栽培要点

适合在逐渐降温的季节栽植

选择抗病性强的品种

不要错过播种的合适时期

排水要好，基肥要足

■ 特性

白菜原产于中国北部，在0℃下也能生长，但不耐热，在15~18℃的温度下采收，白菜能顺利结球。白菜生长迅速，便于储藏，在冬天可作为补充维生素的蔬菜，一起试试栽植白菜吧。

■ 品种

抗病性强、容易结球的小型早生品种容易栽植。家庭菜园里最常见的品种是"耐病六十日"和"金将2号"，此外还有"无双""富风"等品种。最近还开始流行菜心是黄色的黄心品种。

■ 栽培方法

白菜生长初期需要保持温度约为20℃，结球则需要约15℃，因此最好在夏天快结束时播种，晚秋至冬天采收。播种过晚，白菜不容易结球。白菜也可以

[叶菜类] 白菜

1 白菜发芽后，为预防蚜虫、小菜蛾、蛀心虫等虫害，应喷洒农药。

4 中心部分的叶片开始卷曲，外面的叶片舒展时，白菜开始结球，也进入病虫害易发、多发的时期。

2 长出真叶后间苗。真叶长到 1~2 片后，每处种 3~4 株；长到 3~4 片后，控制在 2~3 株。

5 结球的大小和外面叶片的大小呈正比，从生长初期就应注意叶片生长是否旺盛，这与收成好坏直接相关。

3 真叶长到 5~6 片时，每处种 1 株，在植株周围撒肥料并培土。之后，每 2 周重复追肥和培土。

6 将外叶包起来，保护结球的部分。做好防霜冻措施后可延长采收时期，吃不完的部分可以稍晚再采收。

●育苗

在盆内播种，挂上寒冷纱以避免高温，管理时注意水分是否充足、是否发生病虫害。

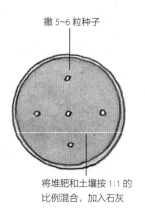

撒 5~6 粒种子

将堆肥和土壤按 1:1 的
比例混合，加入石灰

真叶长出后间苗。真
叶长到 3 片时，每处
留 2 株，培育到长出
4~5 片真叶。

4 号育苗盆

间隔 40~45 厘米，挖出种植穴，
使用吡虫啉颗粒来预防蚜虫。浇
水后，注意不弄散根部，定植幼苗。

种植穴

吡虫啉颗粒

在春天播种，但是为保持生长温度，需要有保温设备和塑料棚。肥料不足，白菜也无法结球，需要施足基肥。

播种地点　在决定播种的 2 周前，每平方米撒 2 把苦土石灰和熟石灰，对深 20 厘米的土壤仔细翻耕。前轮耕作后需要间隔 3~4 年再种。

播种的 1 周前，每平方米倒入 1 桶堆肥、撒 2 把复合肥，垄宽 60 厘米。白菜喜储水性好的土壤，排水不好的地方则需要高垄，能否使白菜在生长初期顺利发育是关键。

播种　日本关东地区在 8 月下旬 ~9 月上旬播种，气候寒冷的地方在 8 月中旬开始播种。过早播种，容易被高温天气和病虫害影响；过晚播种，若在白菜结球前大幅降温，会导致白菜无法长大或结球不顺利。种子包装袋上会标注采收所需天数，可以根据成长期决定播种时间。

在雨天或充分浇水后播种。株距为 40~45 厘米，用啤酒瓶底按压出浅穴，每处撒 5~6 粒种子。在上面覆盖一层薄土，用手轻轻压实并浇水。采用育苗的方法，将种子撒在盆内，盖上薄土后撒

●整株

真叶长到 5~6 片，每处只留 1 株幼苗进行管理。在每株白菜周围撒 1 把复合肥并培土。将倾倒的幼苗重新栽正。

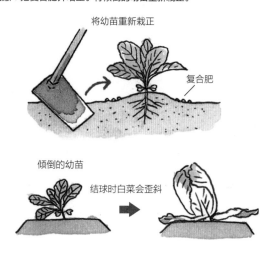

将幼苗重新栽正

复合肥

倾倒的幼苗

结球时白菜会歪斜

●采收

结球变硬后采收。首先掰开外面的叶片，将其压在地面。一手按住白菜，一手拿刀，采收白菜。

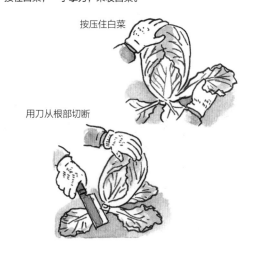

按压住白菜

用刀从根部切断

吡虫啉颗粒、使用寒冷纱来预防虫害。育苗需要 20 天，将幼苗培育到长出 4~5 片真叶。

间苗 真叶长出 1~2 片后，开始间苗；真叶长到 5~6 片后，分 3 次进行间苗，至每处只种 1 株。除去长势不好、被病虫害影响、过小或过大、叶片颜色过深、叶片带红色、叶柄细长偏绿、真叶小等的幼苗。

追肥、培土 结束最后一次间苗后，每株白菜撒 1 把复合肥并培土。此后，每 2 周重复追肥和培土，重复 2~3 次。培土时注意不要伤到白菜根部，使用锄头时，按水平方向培土。最后一

图为甘蓝夜蛾的幼虫。一旦发现，就应立即消灭。

次追肥时，白菜已经长出很多细根，中耕时注意不要伤到根部，在田垄上撒肥料，不要使用锄头。

农药使用 叶片增加，白菜逐渐开始结球，中心的叶片开始卷曲，外侧的叶片开始枯萎时，病虫害也容易增多。为预防霜霉病、白斑病等，需定期喷洒杀菌剂。白菜开始结球时也可以喷洒。

防霜冻 到 11 下旬，初霜后，需要把白菜捆起来。用外侧的叶片包裹菜心，在上端用绳子将白菜捆起来。在此过程中注意是否有虫混进菜心。天气寒冷时，使用苇席来抵挡北风，或在外面包一层报纸再捆。

■ 采收

11 月中旬 ~12 月，根据种子包装袋上标注的采收所需天数，在结球变硬后开始采收。播种过迟会导致花芽分化，叶片不足，无法结球。从白菜顶端往下按，如果内部饱满，将绳子解开，掰开外边的叶片，用刀切下白菜。

结球良好的白菜，在外面包上报纸，并向根部培土，可推迟采收期。此时，需要注意的是，结球不充分，菜心会开始腐败。此外，采收后，连带外侧叶片一起阴干 4~5 天，并用报纸包起来避免受冻，保管在阴凉处，可保存到第 2 年 2 月。

■ 病虫害

十字花科最大的病害是根肿病，通过选择抗病性强的品种，能降低发生该病的可能性。如果土壤过于潮湿，结球时从土壤表面开始枯萎，菜心容易发生软腐病。抗病性强的白菜也不能抵抗软腐病，只能避免与十字花科植物的连作和过早播种，做好排水。连作还会导致白斑病。

气温高、干旱的生育初期容易发生的是蚜虫虫害和花叶病。还有菜青虫、甘蓝夜蛾的幼虫、蛀心虫等虫害，定期喷洒农药进行防治。

Q & A

想推迟采收时间？

错开播种时间就可以，但有可能出现因天气转冷后才进入结球期，花芽分化导致的结球不好。此外，如果不选择晚熟品种，会出现花芽分化导致叶片生长停滞、结球无法长大、春天抽薹等情况。根据品种不同，有的品种的采收期可持续 1 个月以上，只采收需要的部分，就能实现更长的采收期。

[叶菜类]

甘蓝 十字花科

色彩丰富的品种，可选择采收时期

甘蓝

甘蓝（中生红宝石球）

皱叶甘蓝

[栽培月历]

月	1	2	3	4	5	6	7	8	9	10	11	12
播种、采收							夏种播种 采收					
							秋种					
田间管理							夏种铺干草	间苗	培土			
		培土							秋种			
施肥		追肥					夏种基肥	追肥		秋种基肥		

栽培要点
- 根据播种季节选择合适的品种
- 选择储水性好的肥沃土壤
- 越冬前不要让幼苗长得太大

■ 特性

甘蓝原产于西欧一带，与白菜一样不耐热，耐寒。甘蓝富含维生素 C 等维生素和矿物质等成分，是一种营养价值很高的蔬菜。一年四季都能吃到甘蓝。品种丰富，春、夏、秋都能播种，天气凉爽时更易栽植，推荐秋种。

■ 品种

秋种更易栽植，在第2年的春天采收。品种有"四季获""春波""春光七号""市场""秋蒔早生"等。市面上还有抗黄萎病的品种（YR品种），可抑制春种和夏种容易发生的病害。夏种冬收的品种有"彩光""湖月""冬风""金系201号"等。采用早熟品种、中熟品种、晚熟品种的组合，就可以长时间采收甘蓝。此外，还有紫色甘蓝"新红宝石"等品种。春种时，因生长后期的温度升高，容易发生病害虫，应尽量选择抗病性强的品种。按形状分类，有圆头类型、平头类型、尖头类型等品种。

96

●移栽

将种子播种在栽培箱内,把发芽后长出2~3片真叶的幼苗移栽到宽90厘米的平床上临时定植。每平方米倒半桶堆肥,撒1把复合肥并混合。株距为12厘米。甘蓝也可以种植在盆内。

新芽不断生长。用塑料棚挡风。

12厘米

12厘米

10厘米

90厘米

竖着栽种胚轴短的幼苗。

胚轴长的幼苗不要种太深,斜栽,不会影响发育。

胚轴

■ 栽培方法

春种需要提高发芽温度的设备,结球期是在温度上升的梅雨季节,容易发生病虫害。以下会说明秋种甘蓝和夏种甘蓝的栽培方法。

● 秋种甘蓝

播种 9月下旬~10月上旬,在平床内间隔5~6厘米进行条播,或播种在栽培箱内。上面覆盖一层薄土,浇水后铺上干草或浸湿的报纸,在发芽的2~3天内,避免土壤干燥。

育苗 发芽后,撒掉干草和报纸,到长出真叶后,对叶片拥挤的部分则进行间苗,株间距为2厘米。对于在栽培箱内播种的种子,在发芽后10~15天,真叶长出2~3片时,移栽至宽90厘米的平床或3号育苗盆,将其培育至长出5~6片真叶。

在平床上每平方米撒1把复合肥,调整株距为12厘米。盆栽则需要将栽培用土与20%腐殖土混合后,一株一株地定植,新芽长出来后每10天撒1把复合肥。

栽培地点 为避免土传病害,栽植过十字花科植物后需间隔3~4年再种。选择兼具排水性和储水性的肥沃土壤。在定植的2周前,每平方米撒2把苦土石灰,仔细翻耕。每平方米倒入1桶堆肥,撒2把复合肥并翻耕。早熟品种的畦宽50厘米,中熟品种和晚熟品种的畦宽60厘米。

定植 按株距为40~45厘米定植,避免把幼苗种得太深,北侧的田畦需要更高一些。

越冬 甘蓝虽然耐寒,但是幼苗小时也应做好越冬管理。初霜时,铺干草防止土壤干燥,用苇席等挡住寒风。

追肥、培土 第1年内将叶片培育到长出约10片后越冬。在这个时期追肥则会导致叶片发育过快,在低温天气下发生花芽分化的情况,生长停滞,到春天还会倾倒。为此,秋种春收的品种追肥在3月后每2周进行2~3次追肥。每株撒1把复合肥,中耕后培土。注意不要伤到叶片,在叶片开始结球前完成追肥。

农药使用 播种、定植时,将吡虫啉颗粒与土壤混合,作为早期防治手段。与生长期的白菜

1 在平床上间隔 5~6 厘米挖出播种沟。用木板等压出浅沟。采用条播，注意种子不要过于集中。

3 幼苗长出 4~5 片真叶后，按 40~45 厘米的间距，适当深种。田畦宽 50~60 厘米。

2 如上文介绍，幼苗可移栽培育，也可以如图所示，在育苗盆内培育。2 种方法都需要用到寒冷纱。

4 生根后，新芽也不断生长。幼苗长出 10 片真叶后，做好越冬准备，注意挡风和防霜冻，在地面上铺干草。

相同，喷洒BT剂（苏云芽孢杆菌）。定植后120~150天，约在4月开始结球，使用马拉硫磷乳剂、醚菊酯乳剂等防治病虫害。

● 夏种甘蓝

播种 7 月中、下旬播种，方法与秋种相同。在栽培箱内播种时，将其放置在阴凉处。

育苗 真叶长出 1~2 片后，与秋种相同，移栽至平床或在育苗盆内培育。由于气温高，注意避免幼苗枯萎，迅速地完成移栽。使用寒冷纱来防晒和防虫，经过 1 个月后，真叶长出 5~6 片。干旱严重的时期，需要勤浇水。

定植 8 月下旬 ~9 月上旬，在与秋种相同的田畦内定植，但是宽度为 60 厘米。

追肥、培土 定植后，经过 2~3 周，根部和叶片都不断发育。每 10 天进行 2~3 次的追肥，每株撒 1 把复合肥，中耕后培土。结球长到拳头大小后，进行最后一次追肥。

农药 夏种的结球期较早，定植后 30~40 天开始结球。农药的使用方法和秋种相同，防治好病虫害。

5 叶片长到 20 片左右，外侧叶片长大，开始结球。在此之前完成追肥和培土。

7 开始结球后，经过 1 个月，菜心会越来越紧实。春天的采收过晚，会导致甘蓝抽薹，需要把握好采收时间。

6 夜晚，甘蓝夜蛾开始活动，一晚上就会将叶片啃食殆尽。重要的是在幼虫期做好驱虫。

8 将外侧叶片掰开，用刀将结球从根部砍下，朝反方向折断。

■ 采收

秋种的采收是在第 2 年的 4~5 月，夏种是在当年的 10~12 月采收。外侧叶片长大、内侧的叶片卷曲时开始结球，1 个月左右结球变硬。将外侧叶片剥除，用刀切除甘蓝，进行采收。秋种的采收过晚，会导致裂球和抽薹。

■ 病虫害

秋天多发的霜霉病和冬、春季节发生的黑斑病会导致叶片枯萎。注意肥料不要过多。可使用铜制剂。改良品种可大幅抑制土传病害。一旦发生软腐病和黄萎病，只能迅速处理病株，防止病害扩散。

秋种易发生斜纹夜蛾虫害、春种易发生菜青虫虫害，在生长过程中主要使用 BT 剂（生物农药）防治虫害。

Q & A

想在夏天采收甘蓝？

选择春种品种中的早熟品种，天气转暖后在栽培箱内播种，用塑料薄膜保温。播种后，经过 25~30 天，真叶长出 3~4 片，在凉爽的天气下定植，生长会更顺利。在气温低的时期，需要使用有保温和防霜冻效果的无纺布。这一时期能抑制许多病虫害的发生。如果希望甘蓝在短时间内迅速长大，需要施足基肥，促进外侧叶片的生长。铺干草具有保温和防止土壤干燥的效果。不需要担心植株抽薹，但错过采收时间，叶片会变硬。

抱子甘蓝

十字花科

螺旋状结球，采收期持续多月

抱子甘蓝

抱子甘蓝的花

[栽培月历]

月	1	2	3	4	5	6	7	8	9	10	11	12
播种、采收	▬▬▬	采收					播种 ▬▬				▬▬	▬▬
田间管理							防晒 ▬▬▬▬ 定植			培土 ▬ ▬▬		
施肥								基肥 ▬▬ 追肥		▬ ▬▬		

栽培要点

- 避免连作，选择兼具排水性和储水性的土壤
- 施足基肥和追肥
- 结球后，剪除周围的叶片

■ 特性

抱子甘蓝是在德国柏林等地改良过的甘蓝品种，在直径为 50 厘米左右的茎上的叶腋处产生小芽球，采收这些小芽球。抱子甘蓝又称布鲁塞尔芽菜，像直径为 2 厘米的甘蓝，耐寒，但是比甘蓝还不耐高温。抱子甘蓝的维生素 C 含量约是甘蓝的 4 倍，即使煮食也不会破坏其营养成分。

■ 品种

流行的品种有"早生子持""宗亲塞布"等。7月播种，从11月到第2年都能采收。抱子甘蓝也可以春种，但与甘蓝相同，温度管理比较困难。

■ 栽培方法

抱子甘蓝的栽培方法和夏种甘蓝相同，生长比甘蓝更慢。

播种 7月中、下旬，在育苗盆或栽培箱内播种，栽培用土和堆肥按 1:1 的比例混合，点播或条播。在种子上面覆盖一层薄土。浇水后，用浸湿的报纸盖在表面，可促进发芽。

●栽培顺序

1

真叶长出 2 片后，移栽到田畦内或育苗盆，真叶长到 5~6 片，按株距为 50~60 厘米定植。

2

2 周后，叶片明显增多和长大。定植 20 天后，追肥、中耕、培土。

3

外侧叶片发育，植株长高。从中心不断长出新叶，与甘蓝相似。

4

下半部分的新芽需要摘除。新芽长出后摘去叶片，使茎部能够晒到太阳。

5

结球长大后，从下面开始按顺序采收。上半部分的叶片留下约 10 片。

育苗　2~3 天后，种子发芽，撤掉报纸，真叶长出 2 片后，移栽到宽 90 厘米的田畦，按 15 厘米的间距定植。在田畦内搭架，用寒冷纱防止高温暴晒。还可以用育苗盆培育幼苗。

栽培地点　避免连作，选择兼具排水性和储水性的地点，每平方米撒 2 把苦土石灰后翻耕。每平方米倒 1 桶堆肥，撒 2 把复合肥。田畦宽 70 厘米。

定植　真叶长出 5~6 片后定植，株距为 50~60 厘米，使根部充分接受日照。

追肥、培土　20 天后，每株撒 1 把复合肥，追肥后中耕、培土。每 2~3 周重复 3 次。

摘芽　从叶柄基部长出侧芽时，因为其不会结球，应趁早摘除，将叶片也一同剪除。结球后，剪除周围的叶片，使得茎部能接受日晒，只留下上半部分的叶片。

■ 采收

11 月后到第 2 年 2 月左右都可以采收。结球变硬后，从下面开始采收。

■ 病虫害

采用与甘蓝相同的病虫害预防方法。预防蚜虫的对策是在定植时喷洒农药。

[叶菜类]

洋葱 百合科

可以预防动脉硬化的蔬菜

洋葱（黄洋葱）

红洋葱

[栽培月历]

月	1	2	3	4	5	6	7	8	9	10	11	12
播种、采收							采收	播种				
田间管理										定植 铺干草		
		培土										
施肥		追肥								基肥		

■ 特性

洋葱原产于西亚，自古就被人们食用。可食用的是茎叶根部长成球状的部分，其叶片也可食用。其含有的带有辛辣味的硫代亚磺酸酯有使得血液流动更顺畅的作用，带有甜味的寡醣有改善肠胃功能的作用。

■ 品种

极早熟品种有"超高金"；产量大的中晚熟品种丰富，有"新土""ATON""OP黄""枫叶3号"等。早熟品种比中晚熟品种的形状更扁平。此外，还有用于生吃的红洋葱"湘南红""猩猩赤"等。

■ 栽培方法

洋葱喜凉爽，温度在20℃左右，茎叶发育；15~25℃，随着日照时间变长，根部也在长大；13℃以下的低温会导致花芽分化，在长时间的日照和高温下抽薹。

播种 播种时期根据品种和地区各有不同，秋种是指进入9月后，按早熟品种、中熟品种、晚熟品种的顺序进行播种。将栽培用土和堆肥按1:1的比例混合，

栽培顺序

●播种、育苗

在宽 90~120 厘米的平床内，按 8 厘米的间距挖出播种沟。条播后，在上面覆盖一层薄土，到发芽前都需要盖上报纸或干草，避免土壤干燥。

干草

按 3 厘米的间距定植高 10 厘米左右的幼苗。幼苗需培育到高 20~25 厘米、茎粗 6~7 毫米。

深 5 毫米的沟

8 厘米

90~120 厘米

3 厘米

●定植

幼芽生长，定植根部变白的幼苗。

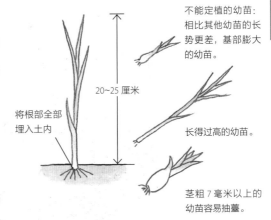

20~25 厘米

将根部全部埋入土内

不能定植的幼苗：相比其他幼苗的长势更差，基部膨大的幼苗。

长得过高的幼苗。

茎粗 7 毫米以上的幼苗容易抽薹。

1 按 15 厘米间距定植，25 天后追肥并培土，在初霜前，为防霜冻而铺上干草。

2 根部长大后，有 80% 叶片倾倒时，可开始采收。采收后，保持原样风干半天。

按 8 厘米的间距挖出播种沟，进行条播。注意种子不要过于集中，在上面覆盖一层薄土后浇水，直到发芽，都把浸湿的报纸等盖在表面。真叶开始生长后，需要间苗，按 3 厘米的间距，经过 50~55 天，培育出高 20~25 厘米、茎粗 6~7 毫米的幼苗。此外，也可直接从市面上购买幼苗。

栽培地点 事先在田畦内每平方米撒 2 把苦土石灰后翻耕。挖沟后，每平方米倒 1 桶堆肥和撒 2 把复合肥，与土壤混合后回填，挖成宽 60 厘米的平床。铺塑料薄膜也是一个好方法。

定植 按行距为 20~25 厘米，株距为 15 厘米进行定植，需要把根部全部埋入土内。

追肥、越冬 定植后的 25 天和 3 月上旬，每平方米撒 1 把复合肥、培土。没有铺塑料薄膜时，需要在初霜前铺上干草。

■ 采收

4~5 月可以开始采收食用叶片的洋葱。5~6 月，有 80% 茎叶倾倒，选择一个晴天采收洋葱。将采收完的洋葱在田里风干半天。悬挂存放。

■ 病虫害

虫害较少，不用过于担心，但湿度过高会导致霜霉病。

葱、分葱

仔细追肥，精心培土

葱科（百合科）

葱

葱（不知情）

分葱

[栽培月历]

月	1	2	3	4	5	6	7	8	9	10	11	12
播种、采收			播种							采收		
田间管理					定植		培土					
施肥					基肥		追肥					
叶葱			播种		定植	培土	追肥			采收		
分葱								定植	培土			

栽培要点

- 对根深葱培土，使叶鞘变白
- 收割叶葱，采收期长
- 种植分葱，要购买没有病害的种球

■ 特性

葱原产于中国西部。日本关东地区有根深葱，关西地区有叶葱，各地都有当地的特色品种。根深葱的白色叶鞘粗长；叶葱的叶鞘则又短又细；分葱是洋葱和葱的种间杂种，弦状根。

■ 品种

根深葱有"白树""夏扇2号""金长"等品种，叶葱有"九条葱""水绿""小春"等品种。分葱有早熟品种和晚熟品种。

● 根深葱

播种 春种在4月，每平方米撒2把苦土石灰，在苗床上倒入1桶堆肥或腐殖土，按6厘米的间距挖出播种沟，条播后在种子上面覆盖一层薄土，浇水。

间苗 真叶长出2~3片后，按株距为2厘米间苗，每10天施用1次复合肥。

栽培地点 事先撒苦土石灰中和土壤酸性，种植当天，不翻耕，直接用锄头在东西两边挖出深20厘米的沟。

定植 6~7月，将长到20~30厘米的幼苗定植到种植沟内。在沟的北侧按10~15厘米的间距定植，种植后轻轻踩实，使幼苗稳定。从上面撒复合肥，在上

●栽培顺序

1 事先在定植地点撒苦土石灰后深耕。定植当天，不翻耕，只挖种植沟。

2 在上面覆盖 3~4 厘米厚的薄土，盖住根部，倒入复合肥，使用堆肥或干草，厚度为 7~8 厘米。

3 定植后 40~50 天，重复追肥、培土，每个月 3 次，逐渐将种植沟填平。

4 在葱叶的分枝点上面培土，避免埋住葱的成长关键。

5 种植沟填平后，最后一次培土，将田垄内的土向根部集中。埋在土壤内的部分会变白。

6 到春天抽薹后，根深葱停止生长，花茎生长，葱开花后需要迅速采收。

面使用堆肥或铺干草。沟宽 90 厘米。

培土 定植后 40~50 天，追肥、培土，每平方米撒 2 把复合肥，并在上面覆盖 5~6 厘米厚的土，每个月重复 3 次。

● 叶葱

幼苗培育与根深葱相同。

定植 挖出深 10 厘米的种植沟，每 2~3 株幼苗一起移栽，间距为 15~20 厘米，沟宽 50~60 厘米。每 2 周施用等量的复合肥，培土只在定植后 1 个月进行 1 次，避免幼苗倾倒。

● 分葱

9 月，在肥沃的土壤上按行距为 30 厘米、株距为 15 厘米，每 2~3 个种球一起定植，使种球能稍微露出地面。长到 15 厘米时，进行追肥和培土，促进分球。

■ 采收

根深葱在最后一次培土后，经过 30~40 天，从高垄的一侧挖出并采收。收割叶葱时，撒上复合肥后，植株还会再次长出新芽。分葱叶片长到 20 片后分株，采用拔出或收割的方法采收。

■ 病虫害

注意霜霉病、黑斑病。需要早期喷洒农药预防蓟马和蚜虫。

韭菜 百合科

可重复采收，老了就重新种

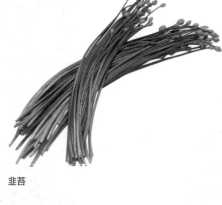

韭苔

韭黄

韭菜

[栽培月历]

月	1	2	3	4	5	6	7	8	9	10	11	12
定植					定植							
田间管理、采收						培土					铺干草	
			第 2 年采收					第 3 年分株				
施肥					基肥			第 1 追肥				
			第 2 年追肥									

■ 特性

韭菜原产于东亚，属于生命力强健的蔬菜，不挑栽培地点，还可以重复收割采收。除叶韭外，还有使韭菜抽薹，使用茎干和花苞的韭苔，软化栽培的韭黄。韭黄栽培由于需要花费大量精力，被视为高级食材。韭菜含有丰富的胡萝卜素和促进维生素 B_1 吸收的大蒜素，是一种能增加人体耐力的蔬菜。

■ 品种

韭菜有许多品种，比如"超级绿腰带""绿道""广巾韭菜"等。韭苔有"标杆"等品种。

■ 栽培方法

种过一次韭菜后，即使在天气炎热或寒冷时地表的叶片看起来呈现枯萎状态，但季节变化后又会长出叶片，植株数量也会增加。定植分株后的韭菜管理比较简单。

栽培地点 定植的 2 周前，每平方米撒 2 把苦土石灰并翻耕。定植 1 周前，

● 栽培顺序

1 重复采收后，植株将会变弱。在连续采收 3 年后，植株长势下降，则在 9 月将韭菜挖出后分株。

3 在种植沟内倒入基肥，铺上表土，间隔 20 厘米，每 4~5 根一起定植。稍微种得深一些，第 1 年不采收。

2 剪去大株根部，用手将植株分成 2~4 根为 1 组。

叶韭留下 2~3 厘米长的茎再采收。

↕ 2~3 厘米

韭苔留下 5~6 厘米长的茎再采收。

5~6 厘米

4 韭苔在开花前采收。叶韭的收获到 8 月为止，9 月开始，韭菜会再次生长。

韭菜的花

用锄头挖出 2 条深 15 厘米的种植沟，每平方米倒 2 桶堆肥，撒 2 把复合肥作为基肥，上面覆盖薄土。种植沟宽 50~60 厘米。

　　定植　6 月中旬~7 月上旬，间隔 20 厘米，每 4~5 株幼苗一起定植，种成 2 排。

　　追肥、培土　第 1 年不采收，促使韭菜长大。在根部撒复合肥，中耕、培土。趁早摘掉花茎，将所有养分都用于韭菜的成长。降霜后，需铺上干草。从第 2 年开始，每次采收时施礼肥、培土。

　　植株的更新　连续采收 3 年后，植株变弱，在秋天分株后重新定植。

　　播种　春种简单。3 月左右，将栽培用土和腐殖土混合，在栽培箱内播种，注意保温，培育至约 5 月上旬。发芽 1 个月后，每月用复合肥追肥 1 次，培育 3 个月后定植。

■ 采收

　　从定植的第 2 年开始，新叶长到 20 厘米，从地面开始收割。留下 2~3 厘米长的茎，不到 1 个月韭菜会再次长出新叶，可以重复采收。韭苔采收在花苞开放前、长出薄皮后，留下约 5 厘米长的茎收割。

■ 病虫害

　　预防蚜虫。注意预防过度潮湿导致的霜霉病和韭菜锈病。

[叶菜类]

菠菜 藜科

夏秋播种，能长期采收

菠菜（武藏）

菠菜（诺贝尔）

[栽培月历]

月	1	2	3	4	5	6	7	8	9	10	11	12
播种、采收			春种播种				采收 / 夏种		秋种			
田间管理								间苗		培土	防风	
施肥								基肥		追肥		

※ 田间管理和施肥是针对秋种的建议。

栽培要点

● 事先必须用苦土石灰中和土壤酸性

● 尽量使幼苗发芽、生长步调统一

● 间苗后，促使叶片片生长

■ 特性

菠菜原产于西亚的寒冷地带，在冰点下也能生长，但是不适应25℃以上的高温。应避开夏天，在春天、秋天播种。菠菜富含维生素和铁元素，经常出现在日本人的餐桌上。

■ 品种

大多是日本品种和西洋品种的杂交品种，特征是生命力强健和采收量大。大多数品种的抗病性强，尤其是抗霜霉病。更易栽培的秋种品种有"阿特拉斯""ALL RIGHT""次郎丸""乐土"等。春种和夏种品种有"阿龟""游行""晚抽BALUKU""普锐斯""积极""日照"等。

■ 栽培方法

菠菜喜凉爽，发芽、生长的适宜温度是15~20℃。日照时间长时，菠菜会抽薹，因此最好选择适合春种的品种。

发芽播种 春种在3~4月，夏种在7~8月，秋种在9~10月。高温导致发芽

1 菠菜尤其不适应酸性土壤，必须多撒石灰并翻耕。

4 在发芽前，注意田畦不能干燥，播种后浇水并铺干草。

2 高温期，播种前先使种子发芽。用纱布等包住种子，用水浸泡一晚，保持低温。

5 真叶长出后开始间苗，真叶长到 3~4 片，保持株距为10 厘米。间出的幼苗也可以食用。

3 将纱布在凉爽的地方摊开。确认发芽后再播种。春种和秋种不需要事先使种子发芽。

6 真叶长到 5~6 片时，可从长大的植株开始采收。春种需注意不要错过采收时间。

率降低，在夏种前，先把种子用水浸泡一晚，使其发芽。

　　田畦管理　菠菜不适应酸性土，因此需要每平方米撒 3 把熟石灰或苦土石灰，并仔细翻耕。每平方米倒 1 桶堆肥，撒 2 把复合肥，挖出宽 60 厘米的田畦。

　　播种　按 10 厘米的间距进行条播。注意种子不能过于集中，播种后上面覆盖一层薄土，大量浇水，到发芽前保持土壤湿润。3~7 天后，种子发芽。

　　间苗　分别在真叶长出 1~2 片和 3~4 片时，间苗，保持株距为 10 厘米。

　　追肥、防霜冻　第 2 次间苗后，在每排间少量施用复合肥和草木灰，中耕、培土。霜降后，在北侧挂上苇席等防风。

■　采收

　　真叶长出 5~6 片后，采收叶片重叠的部分。春种容易导致抽薹，在花茎开始抽薹前收割。

■　病虫害

　　霜霉病和立枯病的应对办法是选择抗病性强的品种，这很重要。多施有机肥料可能导致虫害增多，因此在虫害严重时应控制肥料用量，增加表土厚度。铺塑料薄膜也是一个有效的方法。

小松菜 十字花科

没有涩味的绿黄色蔬菜

小松菜（味彩）的花

小松菜（味彩）

[栽培月历]

月	1	2	3	4	5	6	7	8	9	10	11	12
播种、采收		春种播种			采收				秋种			
田间管理									间苗			寒冷纱
施肥									基肥		追肥	

※ 田间管理和施肥是针对秋种的建议。

栽培要点

- 秋种更易栽植
- 施足完熟堆肥
- 在塑料棚上覆盖寒冷纱以防虫

■ 特性

虽然小松菜和菠菜有一些相似之处，但是在植物分类上属于完全不同的科属。小松菜经常作为腌菜食用。比菠菜含有更丰富的维生素 C，是富含维生素、矿物质的健康蔬菜。它从西亚传到中国，再从中国传到日本东京，在东京培育了当地的改良品种。

■ 品种

选择耐寒耐热、抗病性强的品种，一年四季都可采收。有"卯月""MISUGI""OSOME""极乐天""夏乐天"等品种。

■ 栽培方法

小松菜喜凉爽，生长发育的适宜温度是 18~20℃，因此秋种比较合适。小松菜在冰点以下也不会枯萎，霜冻天气还能增加它的甜味。春种是在 3~4 月播种，最好趁早采收。夏种则需要选择耐热的品种。

栽培地点 挖出深 15 厘米的播种沟，每平方米施用 1~2 千克堆肥，各撒 1 把复合肥和鸡粪，在表面堆好 2 厘米厚的表土。田畦宽 60 厘米，平床则需要宽

栽培顺序

用栽培箱培育

在标准的栽培箱内按 2 排条播或撒播。栽培箱容易干燥，在发芽后也要保持浇水。

撒播或条播，轻轻压实，促进发芽。经过 3~4 天发芽，间苗。

箱内生长拥挤，随时间苗、采收。可以利用多个栽培箱，错开时间播种。

利用间苗后的小松菜的同时，等真叶长出 5~6 片，将株距控制在 5 厘米。做好越冬准备，追肥、培土。

用塑料袋培育

利用肥料和栽培用土的包装袋，也能简单地培育小松菜。只需将袋子底部的角剪开，确保有排水的出口。

长到高 15~20 厘米，从根部收割。采收晚会导致病虫害的发生。

90 厘米。基肥用量与前述一致。

　　播种　在播种沟内，按行距为 10 厘米播种 2 排，进行条播，在种子上面覆盖薄土，轻轻按平后浇水。采用撒播时，间隔 1.5 厘米播种。9~11 月，错开时间播种，直到 3 月也能持续采收。

　　间苗、追肥　3~4 天后发芽，真叶长到 5~6 片时，间隔 5 厘米进行间苗。最后一次间苗后，做好越冬的准备，撒上复合肥后培土。

　　越冬　进入 12 月，在塑料棚上挂寒冷纱，能让小松菜更加美味。

■　采收

　　在利用间苗后的小松菜的同时，等小松菜长到高 15~20 厘米后采收。秋种可以推迟采收的时间，但春种一旦推迟采收时间，容易受到病虫害的影响，因此应在播种后 1 个月内完成采收。

■　病虫害

　　虫害防治与收成的好坏直接相关。在高温期不使用农药是相当困难的，但是播种后在塑料棚上挂寒冷纱，可以预防虫害。用 BT 剂和马拉硫磷乳剂等防治甘蓝夜蛾、菜青虫、小菜蛾等虫害。

　　可以通过品种改良来降低霜霉病发生率，一旦发生，使用百菌清等处理。

茼蒿 菊科

秋种更容易

茼蒿（里丰）

茼蒿的花

[栽培月历]

月	1	2	3	4	5	6	7	8	9	10	11	12
播种、采收		春种播种		采收	夏种		夏种		秋种			
田间管理		春种间苗		培土				秋种			铺干草	
施肥		春种基肥		追肥				秋种				

※ 田间管理和施肥是对春种和秋种的建议。

栽培要点

- 希望持续采收则选择不分枝的品种
- 土壤管理影响根部生长
- 中和土壤酸性

■ 特性

茼蒿，又名春菊，在春天抽薹后开花，花朵形似菊花。秋种的采收时间更长。在日本关西地区被称为"菊菜"。茼蒿耐寒，但是不如菠菜和小松菜耐寒，因此在冬天需要注意防霜冻和挡风。

■ 品种

一般选择可采摘收获的中叶种。相关品种有"极中叶""SATOAKIRA"等。"株张中叶"等在根部长出许多幼芽的品种不适合采摘收获，可一次性收割采收。

■ 栽培方法

随着品种不断改良，现在一年四季都可以播种，但是适合茼蒿生长的温度是15~20℃，适合秋种或春种。日照时间增长将导致抽薹，春种适合尽早培育、收获。

播种地点 茼蒿不适应酸性土壤，在播种的2周前，每平方米撒2把苦土石灰，仔细翻耕。在宽60米的田垄内挖出深15厘米的播种沟，每平方米倒入

●栽培箱培育

温度不满足发芽的适宜温度时，使用栽培箱进行管理更轻松。选择采摘收获的品种，可以随时采收，更加便利。

●采摘收获

茼蒿长到高 20 厘米后，留下 4~5 片真叶，摘心，使剩下叶片的侧芽发育。

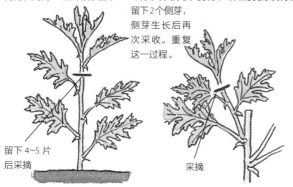

留下 2 个侧芽，侧芽生长后再次采收。重复这一过程。

留下 4~5 片后采摘

采摘

1 撒播或点播后，真叶长出 1~2 片后间苗。约 1 周后，种子发芽，但发芽率不高。

2 真叶长到 4~5 片，控制株距在 5~6 厘米，追肥、培土。株距最终为 10~15 厘米，采摘收获或收割采收。

1 桶堆肥，撒 2 把复合肥，上面铺 2~3 厘米厚的表土。如果播种的种子多，需要全面施用基肥，挖好宽 30~100 厘米的田垄。

播种 秋种在 9 月，春种在 3 月。在播种沟内播种，避免种子过于集中。在田垄内挖出间隔 15 厘米的播种沟，在播种沟内条播。在种子上面覆盖一层薄土并压实，到发芽前需要注意避免土壤干燥。晚秋和早春的地温会上升，在地面铺上塑料薄膜等，等待发芽。

间苗、追肥 1 周后，种子发芽。真叶长出 1~2 片，开始间苗。真叶长出 4~5 片，控制株距为 5~6 厘米。沿播种沟撒上复合肥等进行追肥、中耕、培土。冬天需要铺干草。

栽培箱培育 使用市面销售的蔬菜用土，按 2 排条播。

■ 采收

最终的株距为 10~15 厘米，间苗，收获。茼蒿长到 20 厘米高时，留下 4~5 片真叶，摘心采收。一边培育侧芽，一边采摘收获。春种在播种后 1 个月收割采收。

■ 病虫害

茼蒿的病虫害较少，秋种需要注意防治甘蓝夜蛾、切根虫等虫害，春种需要注意防治蚜虫、蓟马等虫害。

水菜

十字花科

多汁爽脆的口感

壬生菜

细雪水菜

[栽培月历]

月	1	2	3	4	5	6	7	8	9	10	11	12
播种、采收	采收							播种				
田间管理									定植	防霜冻		
										培土		
施肥								基肥	追肥			

■ 特性

水菜原是在日本京都培育的蔬菜，又名京菜，在日本关西地区，由于是在流水中栽培，所以称其为水菜；在京都壬生地区培育的品种是壬生菜。京菜的叶柄呈雪白，叶片有锐利的锯齿，单株大。壬生菜的叶柄呈绿色，叶片没有锐利的切口。水菜独特的口感和香气适合作为火锅食材、制作腌菜。

■ 品种

京菜的品种有"千筋京水菜""红法师"，壬生菜的品种有"圆叶壬生菜""京锦"等。

■ 栽培方法

水菜会吸收大量水分，在根部会长出许多分枝。水菜喜储水好的肥沃土壤，基肥使用堆肥等肥效长的肥料。

播种 9~10月适合水菜生长。在播种沟内间隔1.5厘米撒播种子，在上面覆盖一层薄土并轻轻压实，大量浇水。此外，栽培量小时，可选择在盆内撒4~5粒种子。

● 栽培顺序

1 采用撒播或条播。栽培量小则选择条播，间苗会更轻松。

3 盆栽幼苗在长出 3~4 片真叶后，间隔 30 厘米种成 2 排。左右错开种植。

2 真叶长出 2~3 片，间隔 2 厘米间苗。为避免拔出附近的幼苗，按住地表再拔出需要间掉的幼苗。拔出后填平土壤表面，避免土壤干燥。

4 随着天气变冷，幼芽不断发育，植株整体都长大。植株直径长到 15 厘米，从根部开始切割并采收。

　　间苗　播种后，长出真叶则间苗。间苗 3 次左右，在真叶长出 7~8 片后，株距需要达到 25~30 厘米。

　　育苗　播种后，3~4 天发芽。真叶长出 1~2 片后间苗，长到 4~5 片后，每处留下 1 株管理。

　　栽培地点　事先在每平方米撒 2 把苦土石灰并翻耕。定植的 2 周前，挖出深 15 厘米的种植沟，间隔 15 厘米，各撒 2 把堆肥和复合肥，上面覆盖厚 2~3 厘米的表土。田畦宽 60 厘米。

　　定植　株距为 30 厘米，按 2 排定植（错开种植）。

　　追肥、培土　注意水分是否充足，偶尔补充液体肥料。生长稳定后还需要培土。

　　摘除侧芽　进入 11~12 月，根部会不断长出新芽，植株也越长越大。为避免霜冻的影响，需要在北侧搭好苇席或使用塑料棚。从地表长出的侧芽需要尽早摘除。

■ 采收

　　植株直径长到 15 厘米后，用刀切割根部采收。9~10 月播种，当年年底可以开始采收。

■ 病虫害

　　需要注意防治蚜虫、小菜蛾、甘蓝夜蛾等虫害。病害需要注意防治霜霉病、白斑病，以及连作引起的软腐病、立枯病等。

蔓菜

薹菜（丸叶山东菜）的花

[叶菜类]

薹菜 十字花科

不结球，比白菜更易栽植

[栽培月历]

月	1	2	3	4	5	6	7	8	9	10	11	12
播种、采收	▬采收							播种▬			▬	▬
田间管理									间苗		防风	
								培土		▬		
施肥							基肥▬		追肥▬	▬		

栽培要点

- 参考白菜的栽培方法
- 喜排水、储水好的土壤
- 做好防寒对策，保护叶片

■ 特性

薹菜是原产于中国山东省的不结球的白菜，在日本被称为山东菜，在明治初期传入日本。它属白菜亚种的一个变种，比白菜的涩味更淡，适合做成清爽的腌菜。薹菜是不结球的蔬菜，也有其他小型品种，市面上有许多不同叶片形状的品种。

■ 品种

叶片呈圆形的"丸叶山东菜"，叶片皱缩、有锐利锯齿的"新东山东菜""EX王"等。日本关东地区经常栽植的小型品种有"HAMAMINATO"等。

■ 栽培方法

参考白菜的栽培方法，但是不需要等待结球。薹菜不耐旱，尽量选择排水性、储水性好的肥沃土壤，但是在贫瘠土壤上也能生长。薹菜耐低温，不喜高温，最好选择秋种。小型品种可以使用栽培箱培育。

播种地点 事先在每平方米撒 2 把苦土石灰，仔细翻耕。倒入 1 桶堆肥、

116

●播种地点的准备

在播种的 10 天前，每平方米撒 2 把苦土石灰，仔细翻耕。倒入 1 桶堆肥、撒 2 把复合肥，挖好田畦。

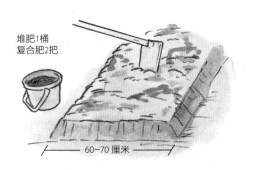

堆肥1桶
复合肥2把

60~70 厘米

●播种

间隔 30~40 厘米，用啤酒瓶底按出浅坑。播种 5~6 粒种子，在上面覆盖薄土后轻轻压实，浇水。避免土壤干燥，等待发芽。

●间苗

4~5 天后发芽。真叶长出 2 片后，每处种 3~4 株，真叶长出 3~4 片后，每处种 2~3 株，第 3 次的间苗，将长出 6~7 片真叶的幼苗每处留 1 株。

●追肥、培土

在田畦上，每株撒 1 把复合肥，翻耕后培土。之后，为防止土壤干燥，铺上干草。

铺干草

复合肥

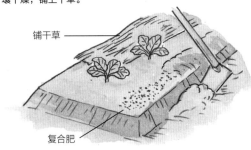

30~40 厘米

●采收

由于薹菜不结球，在中心部分变成黄色时，用菜刀切割根部并采收。间出的幼苗也可以食用。

撒 2 把复合肥，整体深耕，挖出宽 60~70 厘米的田畦。

播种 8 月中旬~9 月中旬，按株距为 30~40 厘米，每处撒 5~6 粒种子，点播。真叶长出 2 片后，开始间苗。经过 3 次间苗，真叶长到 6~7 片，每处留 1 株。盆栽培育幼苗时，参考白菜的播种方法。

追肥 在秋天，每株撒 1 把复合肥，中耕、培土，重复 2 次左右。为防止土壤干燥，在田畦内铺上干草。

越冬 降霜后，为防止叶片受伤，使用工具挡风或像白菜那样将植株整体包裹起来。

■ 采收

一边间苗，一边利用间苗的蔬菜。中心部分变成黄色后，切割根部并采收。晚熟品种则在播种后 3 个月采收。

■ 病虫害

为抑制软腐病和花叶病等病害的发生，需要避免十字花科植物的连作，选择抗病性强的品种。排水不好会容易导致霜霉病。防治蚜虫、甘蓝夜蛾等虫害，除了在间苗、采收时喷洒农药外，最好使用挂上寒冷纱的塑料棚，注意是否干旱，时常浇水。

生菜（赤南总红、圣礼）

生菜（圣礼）

[叶菜类]

给花园增添色彩

生菜、散叶生菜 菊科

[栽培月历]

月	1	2	3	4	5	6	7	8	9	10	11	12
播种、采收							播种━━				采收	━━━
田间管理								━定植 ━铺干草				
施肥								基肥━	━	━	━追肥	

栽培要点

- 在阴凉处催芽
- 撒石灰中和土壤酸性
- 施足基肥

■ 特性

生菜经常出现在生吃的沙拉里，在不破坏营养成分的情况下食用。生菜有许多改良的品种，出现了各种形态的品种，分为结球生菜（圆生菜）、不结球生菜（散叶生菜），还有处于两者间的半结球类型（奶油生菜，参考第120页）。

■ 品种

结球生菜的品种有"城堡""MLAP231""SHISUKO"等。散叶生菜中的红叶品种有"晚抽红火"、绿叶品种有"DANCING"。在菜园里经常混合种植红叶、绿叶品种。

■ 栽培方法

生菜原产于地中海沿岸一带。生菜在生长发育过程中耐热抗寒，但是其发芽、生长的适宜温度是15~20℃，喜凉爽。随着植株生长，耐热抗寒性会下降，因此秋种比较容易。

播种 为了在严寒期到来前采收，在7月下旬~8月上旬进行播种。由于地温高，先用纱布包裹种子，提前用水浸泡一晚，放入冰箱内保存2~4天，发芽

● 栽培顺序

1 中和土壤酸性，施足基肥。挖好田畦，将幼苗按 2 排或 4 排定植。

4 按株距为 30 厘米，浅种幼苗。将土壤浇湿，促使幼苗生长。

2 定植前，将幼苗放入装有水的桶内，使盆栽土充分吸收水分。

5 真叶长出后，可以开始采收散叶生菜，圆生菜需要等待外侧叶片生长后结球。

3 按照根部大小挖好种植穴，将幼苗从盆内移出后迅速定植。重点是避免弄散根部。

从侧面按压发现圆生菜内部变硬，则从根部开始收割。避免被霜冻影响，使用塑料棚可以延长采收时间。

后再播种。在盆栽或栽培箱内放入干净的栽培用土和堆肥，间隔 5 厘米进行条播，避免种子集中。在种子上面覆盖一层薄土，大量浇水，避免干旱。

育苗 发芽后，真叶长到 2 片，将其移栽入 3 号育苗盆。放置在阴凉处，将幼苗培育至长出 3~4 片真叶。

栽培地点 生菜不喜酸性土壤和贫瘠土壤，在定植 2 周前，每平方米撒 2 把苦土石灰并翻耕。每平方米倒入 1 桶堆肥，撒 2 把复合肥，按宽 80 厘米（种 2 排）或宽 120 厘米（种 4 排），挖好田畦。

定植 移栽时避免弄散根部。间隔 30 厘米，浅种幼苗后浇水。在上面铺塑料薄膜或干草，避免土壤干燥和雨后放晴的高温。

追肥 在结球开始前，用复合肥和液体肥料等追肥 3~4 次。

■ 采收

圆生菜在 11 月中旬后结球，按压后如果结球变硬，可开始采收。降霜后，用塑料棚保温。散叶生菜在叶片长出约 15 片后采收。

■ 病虫害

参考奶油生菜（参考第 121 页）。

奶油生菜

奶油生菜（圣塔克拉拉）

奶油生菜 菊科

从下边开始边采摘叶片，边继续培育

[栽培月历]

月	1	2	3	4	5	6	7	8	9	10	11	12
播种、采收		春种播种				夏种	采收 秋种					
田间管理								遮阴			防霜冻	
施肥		春种基肥 ■				夏种 ■	秋种 ■					

栽培要点

● 在发芽前要避免土壤干燥

● 为避免病害，采用浅种

● 比生菜使用肥料更少

■ 特性

奶油生菜是介于结球生菜和不结球生菜之间的生菜，不结球，易栽种，栽培中途可以边采摘叶片，边继续培育。一般来说，奶油生菜有外叶松散的品种，还有直立型、心叶抱合型的品种。

■ 品种

外叶松散的品种有"冈山奶油生菜""夏绿""四季用秀水"等。直立型的品种有"直立生菜""KERUN"等，心叶抱合型的品种有拳头大小的"MANOA""哥斯达黎加4号"等。

■ 栽培方法

参考生菜的栽培方法，肥料的施用量更少。不结球，因此节省精力，间出的幼苗可以食用。一边从下面采摘叶片，一边还能继续培育，是一种非常适合家庭菜园的蔬菜。

播种地点 参考生菜的夏种。在栽培箱内播种后培育幼苗并移栽。在春、

●播种（栽培箱播种）

为确保幼苗培育成功，最好选择在栽培箱播种后移栽的方法。在栽培箱内按1:1的比例放入栽培用土和堆肥，按行距为5~6厘米进行条播或撒播。上面覆盖薄土后，盖上报纸，在报纸上面浇水，使其发芽。

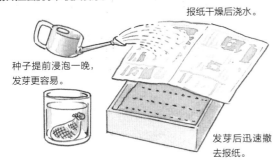

报纸干燥后浇水。

种子提前浸泡一晚，发芽更容易。

发芽后迅速撤去报纸。

●间苗和移栽

3~5天后，种子发芽。在真叶互相重合前间苗。播种后15~20天，长出2片真叶，移栽至4号育苗盆。

对叶片拥挤的部分进行间苗。

将育苗盆放入挂有寒冷纱的大棚，避免干旱。

●定植

长出3~4片真叶后，按20厘米的株距进行定植。避免雨天后的高温，最好在田畦内铺上塑料薄膜。

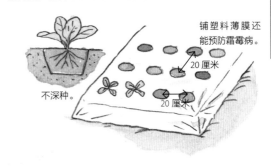

铺塑料薄膜还能预防防霜霉病。

不深种。

20厘米

20厘米

●防晒、防寒

夏天用黑色的寒冷纱挂在塑料棚上。不仅可以避免高温和干旱，还能防风。冬天降霜时，使用塑料棚防寒。

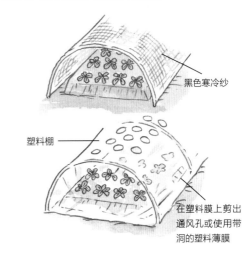

黑色寒冷纱

塑料棚

在塑料膜上剪出通风孔或使用带洞的塑料薄膜

秋季可以采取直播的方法。每平方米撒2把苦土石灰，翻耕后倒入1桶堆肥、撒2把复合肥作为基肥。挖出宽80~120厘米的田畦。

播种 间隔20厘米，用啤酒瓶的底部按出播种的浅坑。播种5~6粒种子，在上面覆盖薄土，用手轻轻压实。大量浇水后促进发芽。

间苗 3~5天后发芽，将拥挤的部分间苗，每处只留1株幼苗。

遮阳、防寒 奶油生菜比生菜更耐寒和耐热。夏天需要寒冷纱、冬天需要塑料棚，一年四季都可以栽培。使用塑料棚时，为避免内部闷热，需要留有通风孔。不需要特意追肥。

■ 采收

春种后30天，秋种后60天可开始采收。长出10片以上真叶后，可以采摘外侧叶片，留下7~8片。此外，中心部分开始卷曲后，可从根部开始收割。

■ 病虫害

生菜类蔬菜深种后，容易患立枯病，因此一定要浅种。

需要注意切根虫、甘蓝夜蛾、蚜虫等虫害。

花椰菜、西蓝花 十字花科

花蕾可食用，茎干营养更丰富

花椰菜（雪冠）

西蓝花（绿岭）

[栽培月历]

月	1	2	3	4	5	6	7	8	9	10	11	12
播种、采收			采收				播种					
田间管理								定植				
								培土				
施肥								基肥		追肥		

■ 特性

花椰菜是西蓝花改良的品种，两者均原产于欧洲，食用茎干顶端的花蕾，西蓝花的部分品种还可以食用侧花蕾。它们富含维生素、矿物质，十分受欢迎。比起西蓝花，花椰菜含有的维生素更少，煮食能减少营养的流失。

■ 品种

花椰菜 早熟品种有流行的"雪冠"，还有"福寿"和极早熟品种的"白秋"，中熟品种的"新娘"等也很受欢迎。

西蓝花 早熟品种有"皮克赛尔""海岭"等，中熟品种有"哈依兹""绿阳伞"等，中晚熟品种有"努力""绿腰带"等。

■ 栽培方法

施用肥料后，在20℃左右的温度下生长，天气转冷后结出花蕾。

播种、育苗 7月中旬，在栽培箱内播种，真叶长出2片后，移栽至平床。观察生长情况，施用液体肥料来追肥，30~40天后，真叶长出5~6片。在盆栽内培育也是一个好方法。

●栽培顺序

1 在盆内播种后，真叶长出 5~6 片后移栽，适当深种。定植后，大量浇水，避免定植对植株的伤害。

2 从定植后的 1~2 周开始，每 3~4 周进行 2~3 次追肥、中耕、培土，使叶片充分生长。

3 到采收为止，注意肥料是否充足，外侧叶片长得越大，花蕾也会越充实。

4 花蕾长到直径为 3~5 厘米，出于防晒和防霜冻的目的，用绳子固定花椰菜，使得外侧叶片包裹花蕾。花蕾将变白。西蓝花不需要这一步。

5 在表面变得凹凸不平前，趁早采收。时间为外侧叶片包裹花蕾后的 15~20 天，春种则为约 10 天后开始采收。

定植 早熟品种需要畦宽 70 厘米、株距为 30~35 厘米，中晚熟品种需要畦宽 80 厘米、株距为 40~45 厘米，可适当深种。选择排水好的地方，培育时间长的中晚熟品种最好选择肥沃土质。

追肥、培土 定植 1 周后，第 1 次追肥，在株间轻撒 1 把复合肥，中耕、培土。第 2 次追肥在 20 天后，在垄上追肥。

结蕾 一定大小的苗在一定的低温下，会出现花芽分化的现象，结出花蕾。根据品种不同，花蕾大小和所需温度各不相同。早熟品种在 10 月开始采收。

软化栽培 花椰菜的花蕾长到直径为 3~5 厘米，用绳子固定花椰菜，使外侧叶片包裹花蕾。既可以防霜冻，也可以防治虫害。

■ 采收

花蕾的直径长到 12~15 厘米、营养丰富的茎长到 10 厘米左右，开始收割采收。西蓝花侧芽的花蕾长大后也可随时采收。

■ 病虫害

需要注意防治蚜虫和菜青虫类的虫害。高温潮湿的天气容易导致苗立枯病和软腐病，肥料不足则容易导致霜霉病，需要多加注意。

[叶菜类]

西芹 伞形科

能安稳度过高温干旱的夏天

西芹

西芹（迷你白）

[栽培月历]

月	1	2	3	4	5	6	7	8	9	10	11	12
播种、采收				播种 ▬▬▬						▬▬▬		采收
田间管理							定植 ▬▬ 铺干草 ▬▬					
施肥							基肥 ▬▬▬		▬	▬	▬ 追肥	

栽培要点

育苗过程中使用寒冷纱降温

不能使土壤干燥，高温期也要浇水

避免肥料不足，少量多次施用肥料

■ 特性

西芹原产于地中海沿岸到印度一带，16世纪以"清正人参"的名字传到日本，但是进入家庭餐桌的时间则是在第二次世界大战后。在西餐中经常作为法国香草束使用，在日本经常种植的是适合生吃、香气和味道都偏淡的品种。

■ 品种

植株较大，耐低温的有康奈尔类品种。小型植株的"畅销"等品种更适合家庭菜园栽植。

■ 栽培方法

西芹喜凉爽，生长的适宜温度是 15~21℃。西芹既不耐高温也不耐低温，气温升高到25℃以上，西芹的生长将会受影响。西芹在遭受一次低温后，在高温和日晒长时间持续的情况下容易抽薹，因此夏种比春种更简单。西芹不耐旱，肥料不足茎干也不会生长。

播种 5~6月，在播种用土里撒播种子，上面覆盖一层薄土。浇水后，用报纸盖住表面，避免干燥。发芽需要 10 天左右。

● 栽培顺序

1

在陶盆内放入播种用土并播种。在上面覆盖一层薄土，用报纸盖住表面，透过报纸浇水。

2

真叶长出 2~3 片后，移栽至 5 号育苗盆。通过移栽，会使其长出许多细小的根须。放好育苗盆，在上面挂上寒冷纱以遮阳。

3

铺塑料薄膜后定植，对防止土壤干燥、防治病虫害也有效果。白线是为了防治蚜虫。

4

也可以铺干草，既能保持土壤湿度，又能抑制杂草生长，减少病虫害的发生。可随时采收侧芽。定植后 60~70 天，开始采收整株。

育苗　发芽后，为避免徒长，在真叶长出后，按株距为 1 厘米间苗。真叶长出 2~3 片后，定植至 5 号育苗盆，或按 15 厘米的间距定植至田畦。使用寒冷纱防晒，盆栽土干燥后浇水。

栽培地点　西芹喜具有良好排灌条件的肥沃土壤。定植的 2 周前，每平方米撒 2 把苦土石灰，仔细翻耕。使用 1 桶堆肥、500 克鸡粪，翻耕后挖出宽 60 厘米的田畦。

定植　真叶长出 7~8 片的 8 月下旬 ~9 月中旬，保持株距为 40 厘米（"畅销"为 30 厘米），避免种得过深，在生根前，保持浇水和遮光。此后，铺塑料薄膜或干草，避免土壤过于干燥，还可以减少雨后放晴带来的病虫害。

追肥　定植 20 天后，施用复合肥和液体肥料，避免肥料不足。

■ 采收

对从根部长出的侧芽，随时可从根部采收。定植后 60~70 天，叶片出现光泽后，将整株拔出采收。

■ 病虫害

一旦发现蚜虫，立即驱虫。使用消毒后的土壤、避免过度潮湿，可降低软腐病、花叶病的发生率。

芦笋 天门冬科

种植一次后，能连续采收多年

芦笋

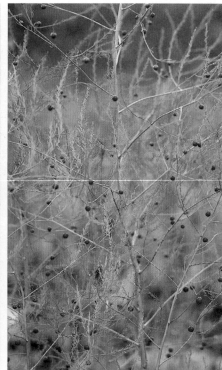

芦笋（果实）

[栽培月历]

月	1	2	3	4	5	6	7	8	9	10	11	12
播种、采收		播种			定植							
田间管理		第2年	培土		搭架					铺干草		
		第3年		采收								
施肥		追肥								基肥		

■ 特性

芦笋与观叶植物的石刁柏是同一种，作为食物的芦笋原产于南欧、西亚一带。冬天，地表部分枯萎，春天又会长出新芽。夏天，芦笋会像观叶植物那样长出假叶。维生素和矿物质含量丰富，天门冬氨酸能合成蛋白质，有消除疲劳的效果。经过软化栽培得到的是白芦笋。

■ 品种

有"玛丽华盛顿 500W"和收获率高的"阿克塞尔""极雄""Super Welcome"等品种。

■ 栽培方法

即使新芽很小，但叶片长开后需要许多空间。播种到采收需要花费 2 年以上，因此建议选择购买幼苗培育。

栽培地点 在种植的 2 周前，每平方米撒 2 把苦土石灰，仔细翻耕。按 50 厘米的株距挖出种植坑，倒入半桶堆肥，各撒 1 把鸡粪、油渣、复合肥，与土

●栽培顺序

1 播种前，每平方米撒 2 把苦土石灰，倒入 2 桶堆肥，撒 2 把复合肥，翻耕后，将浸泡 2 天的种子按行距为 20 厘米进行条播。发芽后开始间苗，夏天则需要将株距控制在 15 厘米。

2 定植后的第 3 年春天，新芽长到 15~20 厘米后，从地表开始用镰刀或小刀采收。留下几株不采收，可以延长采收时间。

●定植到施肥培土

①每平方米撒 2 把苦土石灰，挖出宽 120 厘米的田畦。按株距为 50 厘米挖出种植坑，施用基肥后，盖上 5~6 厘米厚的表土。

②第 2 年春天，在准备好的地方定植，上面覆盖 5~6 厘米厚的土壤，铺干草避免土壤过于干燥。发芽后，在田畦上撒复合肥，追肥、培土。

③夏天，使用搭架，在日照下茎叶不断向四周生长。冬天，地表部分枯萎后留下根株。持续 2 年后，植株会不断长大。

除草也不可或缺。

壤混合。上面覆盖 5~6 厘米厚的表土。畦宽 120 厘米。

定植 茎叶开始枯萎后，第 2 年萌芽前的春种时会再长出新芽，也可以秋种。初霜时，每处种 2~3 株，根系向四周生长，用土盖住根部，适当深种。在根部周围铺干草以避免土壤过于干燥。

追肥 头 2 年不采收。夏天需搭架，使茎叶向搭架生长，持续干旱则需要浇水；秋天，剪除枯叶。春天发芽，在初夏追肥、中耕。芦笋耐寒，地表的叶片枯萎后铺干草。

播种 发芽的适宜温度是 25℃以上，温度较高。2 月下旬播种，播种前将种子用温水泡 2 天，播种至苗床或栽培箱。在上面覆盖 1 厘米厚的薄土，在发芽前使用塑料棚等尽量提高地温。大约 2 周后发芽，按 15 厘米的株距间苗，第 2 年春天定植。

■ 采收

第 3 年的新芽长到 15~20 厘米后，从地表开始采收。春天追肥，采收后也需要施礼肥。每年留几株不进行采收，采收时间可持续约 8 年。此后，分株再重新栽植。芦笋雌雄异株，较粗的为雄株。

■ 病虫害

环境过度潮湿会导致斑点病等病害发生。

茎蓝

十字花科

形状有趣

茎蓝（绿色品种）

茎蓝的花

[**栽培月历**]

月	1	2	3	4	5	6	7	8	9	10	11	12
播种、采收		春种播种					采收	秋种				
田间管理				摘除下叶 培土								
施肥		基肥			追肥							

栽培要点

● 高温期需要趁早采收

● 摘除下叶，促进球茎生长

● 注意肥料是否充足，适时追肥

■ 特性

茎蓝与抱子甘蓝、花椰菜都是甘蓝的近亲。茎蓝原产于地中海沿岸，是意大利菜经常使用的食材。食用的部位是类似芜菁的球茎。味道是甘蓝和芜菁的混合，比芜菁含有更丰富的胡萝卜素和维生素 C。

■ 品种

绿色品种的有"太阳鸟""公爵"；紫色品种的有"紫色鸟"等。

■ 栽培方法

茎蓝喜凉爽，生命力强健。

播种地点 撒苦土石灰翻耕后，每平方米倒入 1 桶堆肥，撒 1 把复合肥。培土后，挖出宽 60 厘米的田畦。

播种 3~4 月或 9 月，按株距为 20 厘米播种，每处播种 4~5 粒，分 2 排播种，点播，上面覆盖一层薄土，用手轻按，浇足水。发芽后，经过 2~3 次间苗，真叶长出 4~5 片后按 1 株定植。

● 栽培箱培育

按株距为 15 厘米点播，每处撒 3~4 粒，上面盖一层极薄的土，轻轻压实。

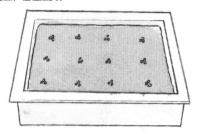

在上面盖报纸，从上面喷水，打湿报纸。保持报纸湿润，注意补充水分。

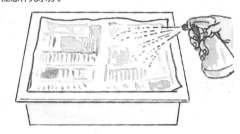

发芽后撤去报纸，长出 4~5 片真叶时间苗，按 1 株定植。浇水，每周施用 1 次液体肥料，促进植株生长。

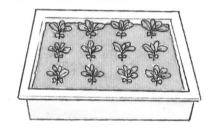

[叶菜类] 苤蓝

直播时，按株距为 20 厘米进行点播，长出真叶后间苗。间去的植株可种植在花园的四周。

2 真叶长出 5~6 片后，按 1 株定植，追肥、中耕、培土，促进根部生长。土壤容易干燥则铺干草。

3 根部长大后，摘除下叶，促进球茎生长，留下 5~6 片上叶。

追肥、培土　按整株定植后，在植株周围撒复合肥，中耕、培土。高温期用寒冷纱遮光。

摘除下叶　根部开始长大，摘除下叶，留下 2 厘米左右的叶柄。避免养分被叶片夺走，促进根部生长。上面的叶片可以留下 5~6 片。

栽培箱培育　在深 15 厘米的栽培箱或苗盆内培育，管理更轻松，还能用于观赏。错开播种时间，采收时间也能延长。选择市面销售的蔬菜栽培用土，按 15 厘米的株距，每处撒 3~4 粒种子，点播，真叶长到 4~5 片，按 1 株定植。到发芽为止，土壤不能干燥，发芽后每周补充 1 次液体肥料。

■ 采收

球茎直径长到 5 厘米左右时，从球茎的上面和下面进行收割采收。苤蓝抽薹较晚，但采收过晚，球茎可能会变硬。球茎可用于煮食或煲汤。用报纸包裹放置在阴凉处，可长时间保存。

■ 病虫害

与十字花科植物连作，会出现立枯病。药剂对土传病害不起作用。可以用杀菌剂防治霜霉病。虫害有蚜虫、小菜蛾等，在育苗期间使用带寒冷纱的塑料棚能有效防治虫害。

菜蓟 菊科

花蕾变硬是采收的信号

菜蓟的花蕾

菜蓟的花

菜蓟

[栽培月历]

月	1	2	3	4	5	6	7	8	9	10	11	12
播种			播种									
田间管理、采收	第2年	培土		定植 铺干草 采收			培土 分株				
施肥		追肥		基肥							

■ 特性

菜蓟原产于地中海沿岸地区，从古希腊、古罗马时代开始就被人们食用。意大利菜和法国菜经常使用菜蓟。日本称其为"朝鲜蓟"。菜蓟虽然会开花，但食用的部位是其坚硬的花蕾部分。由于菜蓟涩味重，需要和柠檬汁一起煮，食用其苞片和花托部分。菜蓟具有降低胆固醇的作用，对肾脏和肝脏有好处，在欧洲被视为健康食品。

■ 品种

在日本，菜蓟蓝紫色的花被作为香料销售。在欧美，有不同形状、大小的菜蓟品种。

■ 栽培方法

春种更容易。播种时，可以采用直播，但是因为发芽温度在 15~20℃，气温不稳定时，建议先培育幼苗。

播种 4月中旬左右，将园艺用土倒入栽培箱并条播。在上面覆盖一层薄土，

● 栽培顺序

● 播种

在栽培箱内按行距为 15 厘米，种子间隔 2 厘米进行条播。在上面覆盖一层薄土，用报纸盖住表面，从上面向报纸喷水，发芽后及时撤去报纸。

长出 1~2 片真叶时移栽至育苗盆。

● 定植

每平方米倒入 1 桶堆肥，翻耕至约 50 厘米深。挖出 1 米宽的田畦，按株距为 50 厘米定植幼苗。进入梅雨季节后，用铺干草来应对雨后的高温天气。

深耕

堆肥 1 桶

50 厘米

干草

1 米

● 追肥

春天和秋天，在植株周围撒复合肥。第 1 年不采收，促进植株生长。

复合肥

● 越冬

第 1 年的冬天，清除地面枯萎的部分。留下了根部，因此需要培土后铺干草。

干草

培土

割除

● 分株

9 月左右，把真叶长出 4~5 片的子株连根坨一起挖出，移栽至 5 号育苗盆。越冬后，第 2 年 6 月，再移栽至田畦或盆栽内。

子株

工作时戴园艺手套

到发芽为止，避免土壤过于干燥。长出 1~2 片真叶时，种入 4 号育苗盆，培育到长出 4~5 片真叶。

栽培地点 选择日照好、排灌条件好的肥沃土壤，每平方米倒入 1 桶堆肥，仔细翻耕。根系能扎得很深，需要翻耕至深 50 厘米处。

定植 进入 6 月，畦宽 1 米，按株距为 50 厘米定植。菜蓟不喜移栽，因此需要在根系发育前移栽。进入梅雨季节，在根部铺干草。

浇水、追肥 即使铺了干草，土壤干燥后也需要浇水。菜蓟生命力旺盛，能长到约 2 米高。从春天到秋天，在成长期的早期和晚期，需要撒 1 把复合肥进行追肥。收获后也需要施用礼肥。菜蓟耐寒。花朵凋谢和地表部分枯萎后，剪除枯萎部分，培土，铺干草。

分株 经过 3~4 年的培育，子株会增加。9 月，挖出长出 4~5 片真叶的子株并移栽到其他地方。

■ 采收

从播种的第 2 年开始，5 月中旬左右结出花蕾，在花蕾坚硬时采收，并在采收到的花蕾切口上及时涂抹柠檬汁。用开水煮整个菜蓟，将花托部分的毛全部去除后食用。不采收时，花可留作观赏。

■ 病虫害

一旦发现蚜虫，立即去除。花蕾掉落大多是因为缺水。

131

薤

[叶菜类]

薤

葱科（百合科）

个头小，适合制作酸甜腌菜

薤

薤的花

[栽培月历]

月	1	2	3	4	5	6	7	8	9	10	11	12
栽种								栽种				
田间管理、采收			第2年培土				铺干草		培土			
			第3年培土			采收						
施肥			追肥				基肥		追肥			

栽培要点

● 第一年做好施肥培土

● 培土时要避免种球露出地面

● 排水良好，控制基肥用量

■ **特性**

　　薤原产于中国，又名藠头，在贫瘠土壤也能栽培，是一种比韭菜还易栽培的蔬菜。食用的部位是长在地下的鳞茎。夏天，地面部分枯萎后进入休眠，天气转凉后，茎叶生长，进入成长期。薤含有促进维生素 B_1 吸收的大蒜素，具有一定的健胃和利尿作用。

■ **品种**

　　一般在市面上出现的是大个头的拉克达类品种，日本各地也有当地的特色品种，培育出了从拉克达类到个头略小的八瓣类等品种。小球的品种有"玉薤"，自中国台湾引入；"九头龙"品种则鳞茎密集，口感爽脆。

■ **栽培方法**

　　栽种种球后的第 2 年 6~7 月，迎来采收季。第 2 年努力施肥培土，目标是为了第 3 年能收获优质薤。

　　栽培地点　栽种的 1 周前，挖出 15 厘米深的种植沟，每平方米倒入 1 桶堆肥，

1 选择重 6~7 克的种球。由于已分球，用手也能轻松分开。

4 需要时进行追肥、培土，第 3 年的 6~7 月，叶片枯萎后开始采收，注意不要伤到鳞茎。

2 在表土上，按畦宽 30 厘米，株距为 15 厘米、深 5~6 厘米种植，每处种 2 个球，也可以种成 2 排。芽稍微冒出地面。

●采收后的作业

不分开鳞茎，将带泥的薤阴干 2~3 天。薤可做成酸甜的腌菜。

将叶片打结后挂在杆子上。

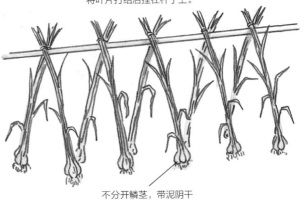

不分开鳞茎，带泥阴干

3 第 2 年的 4~5 月，叶片生长，地下的鳞茎也膨大。栽种第 1 年不采收，再培育 1 年。

撒 2 把复合肥，将表土回填。类似砂质土的贫瘠土壤能种出小个头的紧实薤。肥沃土壤能增加采收量，薤的个头会更大。

  栽种 在 8 月下旬~9 月上旬，按畦宽 30 厘米，株距为 15 厘米，每 2 个种球种在 5~6 厘米深的土内并覆盖一层薄土。注意浅种容易导致土壤干燥，增加根螨虫害的发生率。深种会导致采收量减少。

  铺干草、追肥 发芽后，铺干草做好幼苗越冬的准备。第 2 年 4~5 月追肥，促进鳞茎膨大生长。中耕、培土。尤其是浅种时，避免球根因日晒变绿，需要做好培土管理。夏天，叶片枯萎后，不用管理，在秋天长出新芽时追肥。

  栽培箱培育 将河沙和腐殖土等量混合后倒入栽培箱，浅种。用增加栽培用土替代培土。

■ 采收

  7 月上旬左右，鳞茎完全膨大。定植后第 2 年的夏天，表面部分枯萎时，将鳞茎挖出。将带泥的鳞茎阴干 2~3 天，清洗后食用。薤可用于制作酸甜的腌菜。将上下部分切掉，做成花薤。

■ 病虫害

  为防治根螨、白色疫病、灰霉病等病虫害，需要在早期喷洒农药。

蘘荷的花

蘘荷

[叶菜类]

蘘荷 姜科

在空余的空间里灵活种植

[栽培月历]

月	1	2	3	4	5	6	7	8	9	10	11	12
栽种、采收			种株栽种		蘘荷笋	分株的植株	夏蘘荷采收				秋蘘荷	
田间管理						铺干草 培土						
施肥						追肥						

栽培要点

● 花蘘荷注意趁早采收
● 干旱严重时，夏天也需要浇水
● 不直接向根部施用复合肥

■ 特性

蘘荷原产于中国，在日本也有野生。因其地下茎不断增长，种植1次后，可以持续采收。日照不太好的湿润土壤能培育出柔软美味的蘘荷。在树木下面等其他植物难以栽培的地方也可以生长。开花前，采收的花序是花蘘荷。经过夏天到秋天的栽培，蘘荷的嫩茎变白，得到在春天食用的蘘荷笋。

■ 品种

根据采收季节，早熟品种有夏蘘荷，晚熟品种有秋蘘荷等。

■ 栽培方法

蘘荷喜储水良好、阴湿的地方。种植春分左右上市的种株，也可以选择在6月定植分株后的蘘荷。

栽培地点　全面施用堆肥，挖出深5厘米以上的种植沟，宽15厘米。在贫瘠土壤上需要挖更深的沟，倒入堆肥和复合肥，表土需要厚5厘米以上。

栽种　春分过后，将带有新芽的种株切成15~20厘米的段，按株距为15厘

134

●种株的栽种

必须将带有新芽的种株切断，新芽朝上，按株距为 15 厘米栽种。种植沟宽 15 厘米，深 5~6 厘米，畦宽 60 厘米。

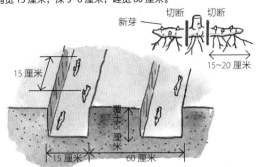

●植株的定植

真叶长出 4~5 片时，按株距为 20 厘米定植。用落叶或干草铺在表面，避免土壤过于干燥。

铺落叶或干草

20 厘米

● 追肥、培土

天气转热、转冷前，在田畦内施用复合肥，与土壤混合后培土。肥沃土壤不需要基肥，定植种株，在 5 月中旬需要追肥和培土。

干草

培土

肥料

●植株的更新

11 月下旬~12 月上旬，每平方米按 40 厘米宽切除根株，挖土后回填。每年在不同的地块进行植株的更新。

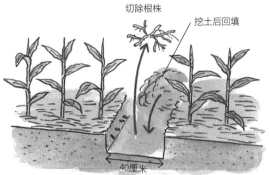

切除根株

挖土后回填

40厘米

●软化栽培

用纸箱和黑色塑料薄膜遮光。3 周后，将纸箱打开，使其接受日晒，通风 5~6 小时。1 周后重复。采收是从 5 月中旬之后开始。

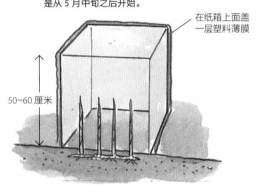

在纸箱上面盖一层塑料薄膜

50~60 厘米

米，分 2 排种植。新芽朝上，上面盖 5 厘米厚的土。6 月定植幼苗时，将长出 4~5 片真叶的植株间隔 20 厘米栽植。

追肥　梅雨季节结束前和初霜时，施用复合肥，培土，铺干草。注意肥料不要直接施在根部。

分株　经过 3~4 年采收后，采收量下降，需要进行分株。

软化栽培　栽种的第 2 年以后，在春天开始发芽前，用纸箱和黑色塑料薄膜等盖住幼苗。在箱内放入米糠等。分别在 3 周后和再过 1 周后，将纸箱下面打开，晒 5~6 小时并通风，使襄荷染上红色。长出 7~8 片真叶时采收。采收时做好遮阳。不能每年都进行软化栽培，以防止植株变弱。

■ 采收

夏天以后，花序充实、膨大，在开花前从花茎基部切断便可采收花襄荷。若未收获，就会开只开一天的浅黄色的花。根部生长的第 3 年以后，采收量也会增加。春天，用手从根部采摘襄荷笋。

■ 病虫害

没有特别严重的病虫害，但是肥料不足、排水不好的田畦容易出现叶枯病，持续降雨则容易发生稻瘟病。

鸭儿芹 伞形科

在日照不好的地方也能茁壮生长

鸭儿芹

鸭儿芹

[栽培月历]

月	1	2	3	4	5	6	7	8	9	10	11	12
播种、采收		春种播种				采收		秋种		采收		
田间管理			间苗			遮阳						
施肥		基肥			追肥							
带根鸭儿芹		培土	采收		播种	间苗 追肥						

■ 特性

鸭儿芹生长于冷凉潮湿的地方。日本东部经常种植的是软化栽培的白鸭儿芹和早春采收的带根鸭儿芹，日本西部则流行水培的青鸭儿芹。青鸭儿芹含有更丰富的胡萝卜素，还能补充维生素 C 和矿物质。带根鸭儿芹含有更多的铁元素。鸭儿芹是一种香气浓、涩味少、易烹调的蔬菜。

■ 品种

日本东部和西部栽植的品种各不相同，如"关西白茎鸭儿芹"、白鸭儿芹、带根鸭儿芹、青鸭儿芹等。

■ 栽培方法

鸭儿芹喜低温潮湿，不耐高温干旱，栽培在日照不好的地方。春、秋季播种，发芽率低，选择市面销售的鸭儿芹幼苗栽培更简单。老植株的香气会减弱，每年都需要重新栽植。

播种地点 播种的 1 周前，撒苦土石灰，翻耕。鸭儿芹喜肥沃土质，每平

●水培的顺序

1 购买市面上销售的带根鸭儿芹。将做菜不需要的根部剪下，使其重新生长。

2 利用托盘，将根部插入托盘上的洞。

3 选择不漏水的容器，倒入液体肥料浸泡根部，放置在窗台边。

4 只需在水分不足时补充水分，可以使用不同的容器栽培。每3周添加1次液体肥料。

●露天培育

提前将种子用水浸泡一天一夜。按行距为20厘米条播或撒播，上面覆盖一层薄土。日照强时需要遮光，土壤干燥时浇水。

方米倒入1桶堆肥，撒2把复合肥，挖出宽1米的田畦。

　　播种　在3月下旬~5月上旬或9月播种，青鸭儿芹在约60天后采收。白鸭儿芹从初冬开始软化栽培，新芽长出1个月后采收。带根鸭儿芹在5月左右播种，培育根株，第2年春天长出新芽时开始采收。根据采收季节决定播种时期，用水将种子浸泡一天一夜后，间隔20厘米播种，在播种沟内条播，种子上面覆盖一层薄土。

　　浇水、追肥、培土　发芽后，土壤干燥则需要浇水、遮阳，缓解高温干燥天气的影响。叶片拥挤后间苗，在植株间撒复合肥。带根鸭儿芹在降霜后、土壤表面的部分开始枯萎时培土。

　　软化栽培　冬天需要培土，3月上旬长出新芽，再次培土，需要堆高15~20厘米的土，使茎干变白。

■ 采收

　　鸭儿芹长到15~20厘米后收割采收。采收后追肥又会长出新芽。带根鸭儿芹在春天发芽后，带根采收。采收后，鲜度和香气都会减弱，保存方法是使用浸湿的报纸包裹后放入冰箱。

■ 病虫害

　　防治蚜虫。

紫苏 唇形科

放任不管也会旺盛生长

青紫苏（皱叶品种）

红紫苏

[栽培月历]

月	1	2	3	4	5	6	7	8	9	10	11	12
播种					播种 ▬▬▬▬▬▬▬▬▬▬▬							
田间管理、采收					间苗 ▬▬▬▬▬▬▬▬▬▬							
					采收 ▬▬▬▬▬▬▬▬▬▬▬▬							
施肥				基肥 ▬▬								

栽培要点

● 气温转暖后播种
● 早期防治病虫害，不使用农药
● 根据不同用途进行采收

■ 特性

紫苏原产于中国，耐寒耐热，不需要花费过多精力就能旺盛生长，从发芽到结果，在不同生长阶段紫苏有不同的用途。紫苏有独特的香气，其含有的紫苏醛具有防腐作用，α - 亚麻酸作为抗过敏成分受到关注。

■ 品种

青紫苏在日本也被称为"大叶"，红紫苏在制作腌渍梅子时用于上色，它们各自还有皱叶品种。

■ 栽培方法

由于紫苏不是大量食用的蔬菜，用栽培箱等少量培育也是一个好办法。

播种地点　5~9 月，随时都可以播种。选择排水好的地方。若土壤贫瘠，每平方米倒入 1 桶堆肥，撒 2 把复合肥，畦宽 90 厘米。

播种　种子提前用水浸泡 2 天。播种时避免过度集中，按 2 排进行条播。在栽培箱内播种时，行距为 8 厘米。在种子上面覆盖一层薄土，轻轻压实，发

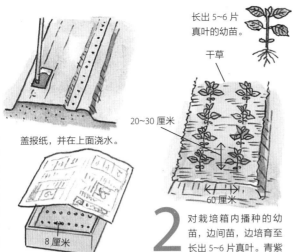

●栽培顺序

1

5~9 月，播种提前浸泡了 2 天的种子。直播，按行距为 60 厘米，种成 2 排，采用条播法。在栽培箱内播种时，行距为 8 厘米，条播。种子上面覆盖一层薄土，用锄头或手轻轻压实。避免土壤干燥，浇水，用栽培箱培育时在上面盖报纸。

盖报纸，并在上面浇水。

8 厘米

1 米² 栽培用土中加 1 桶堆肥。

长出 5~6 片真叶的幼苗。

干草

20~30 厘米

2 对栽培箱内播种的幼苗，边间苗，边培育至长出 5~6 片真叶。青紫苏的株距为 30 厘米，红紫苏为 20 厘米。

60 厘米

紫苏的花

3 随着夏天的到来，紫苏开花。根据各种用途，采收不同形态的紫苏。在干旱时期，叶片变硬则需要浇水。

●关于紫苏的采收

紫苏芽

真叶长出 2 片后，从茎干采收紫苏。撒播能大量种植。

紫苏叶

真叶长出 10 片以上后，从下叶开始采收。留下叶柄后，侧芽还能生长。

紫苏穗

1/3 的紫苏花开花后，采收花序。

紫苏果实

开花后，紫苏开始结果，将花序剪下，把紫苏果实做成腌菜。

采穗

只采收结出的果实后留下的花序。

青紫苏开白花，红紫苏开浅紫色的花。

芽前避免土壤干燥，注意浇水。栽培箱培育时，盖上浸湿的报纸。种子上面覆盖的土层过厚或土壤干燥，种子都不会发芽。

间苗 发芽的适宜温度为 20~25℃，播种时期不同，发芽所需时间也不同，一般 1~2 周发芽，叶片拥挤后间苗。长出 5~6 片真叶时，青紫苏按株距为 30 厘米，红紫苏按株距为 20 厘米定植。只在长势不佳的时候追肥，补充氮。土壤干燥严重需要浇水。

■ 采收

真叶长出后，紫苏芽就可以食用。叶片长到 10 片以上后，根据需要，用剪刀剪掉下叶，也可食用，但要保留稍长的叶柄。夏天结束后，在紫苏长出花序且 1/3 开花时，从根部剪除采收，即紫苏穗。花凋谢后结出果实，在花序呈青色时采收果实，可将紫苏果实做成腌菜。好好保存采收的种子，避免干燥，第 2 年又可以用于播种。

■ 病虫害

干燥时，蚜虫和叶螨的虫害会多发，建议早期防治，土壤干燥时注意浇水。此外，紫苏还会发生褐斑病和锈病，应及早将病株拔除，防止病害蔓延。

[叶菜类]

芝麻 （胡麻科）

营养价值高，任其自由生长也会结果

芝麻的荚

芝麻的花

[栽培月历]

月	1	2	3	4	5	6	7	8	9	10	11	12
播种、采收					播种▬▬					采收		
田间管理、采收						间苗▬▬						
					培土▬		▬					
施肥					基肥▬	追肥▬	▬					

栽培要点

- 选择排水好、日照好的地方
- 控制氮肥的施用
- 早期防治蚜虫

■ 特性

芝麻自古就在世界各地被使用，虽然还未完全确定其原产地，但一般认为芝麻是原产于非洲的一年生植物。秋天，破开芝麻荚后得到芝麻。芝麻不仅用于烹调，还可制作芝麻油，油渣能生产饲料。由于芝麻素等芝麻木酚素具有抗氧化作用，芝麻被视为抗衰老的健康食品。

■ 品种

除白芝麻、黑芝麻外，还有金芝麻，采收时颜色较淡，干燥后颜色会变得明显。芝麻素含量较多的有"关东 12 号"等品种。

■ 栽培方法

芝麻喜日照和高温，耐旱，不耐寒。芝麻在酸性土壤中也能生长，氮过多会导致倒伏，注意控制氮肥用量。发芽温度高，生长初期生长较为缓慢。

播种地点　倒入半桶堆肥、撒 1 把复合肥后，仔细翻耕。畦宽 90 厘米，芝麻不耐潮湿，排水不好的田畦则需要起高垄。

●栽培顺序

1 开始开花后，不断长出芝麻荚，从下方开始，芝麻荚裂开后种子会掉落。

3 在芝麻荚裂开前，及早采收。

2 开花后，为促进芝麻荚生长，撒复合肥，中耕，培土。

4 从根部开始收割，用绳子把几株捆成1把，立着晒10天。

　　播种　5月中旬~6月，挖出行距为50厘米的种植沟，避免种子过度集中，条播。上面覆盖一层薄土，轻轻压实。浇水，促进发芽。铺塑料薄膜也有不错的效果。

　　间苗　长出真叶后开始间苗，长出5~6片真叶时，株距保持在10厘米。

　　浇水、追肥　避免水分不足，夏天的干燥时期需要浇水。观察生长情况，在间苗开始和结束时，各施用2次液体肥料。幼苗开始生长后，培土、搭架，防止倒伏。开花后，芝麻开始结出芝麻荚，把复合肥撒在植株周围，中耕、培土。

■ 采收

　　7月中旬开始，芝麻开出淡紫色的花，结出芝麻荚。9月下旬，芝麻荚不断生长。下方的芝麻荚开始裂开时，将整株芝麻收割，避免果实掉落。将好几株捆成1把，立着晒10天，使其干燥。干燥后的植株会掉出许多芝麻。收集芝麻并清洗，干燥后，放入瓶内保存。

■ 病虫害

　　梅雨季节容易发生立枯病和黑斑病、切根虫的病虫害。进入高温期，临近采收期，容易出现天蛾科害虫。需要在早期喷洒农药，防治病虫害。

落葵

落葵科

生长旺盛，采收后又会发芽

落葵（红茎品种）

落葵（绿茎品种）

[**栽培月历**]

月	1	2	3	4	5	6	7	8	9	10	11	12
播种、采收				播种							采收	
田间管理				间苗								
					摘心、搭架							
					培土							
施肥					基肥	追肥						

栽培要点

● 从藤蔓顶端的新鲜叶片开始采收

● 地温上升后才播种

● 不喜酸性土，日照好则对土质要求不严格

■ 特性

落葵原产于亚洲热带地区，耐热性强，不耐寒，是缠绕草本植物。紫色藤蔓生命力旺盛，会开出许多小花。食用的部位是新鲜茎叶，富含胡萝卜素、维生素 C 和矿物质。干燥后的叶片具有解热、滑肠的功效。

■ 品种

现在种植的品种多为茎叶呈紫红色的红茎品种。绿茎品种的叶片大，茎叶为绿色。

■ 栽培方法

生长的适宜温度为 25~30℃，降霜时会开始枯萎。若种在日照好的地方，落葵对土质的要求则不严格，即使放任不管也会不断生长。

播种地点　播种的 1 周前，每平方米撒 2 把苦土石灰。每平方米倒入 1 桶堆肥，各撒 1 把复合肥和鸡粪，仔细翻耕。

播种　4 月下旬~6 月上旬，气温稳定后，在播种前提前将种子浸泡一天一

1 种子比较硬，播种前先提前浸泡一晚或在水泥砖上擦伤后播种。

4 真叶长出 5~6 片后定植。株距为 30~40 厘米。避免根部散开和干燥，迅速移栽。

2 发芽的温度高，在栽培箱内播种后再移栽的成功率更高。点播后间苗，培育至长出 5~6 片真叶。

5 采用直立式搭架，种 2 排则采用合掌式搭架。落葵的藤蔓会不断生长。

3 挖出种植沟，使用基肥后，和土壤充分混合并回填。分 2 排播种，畦宽 90 厘米。

6 从藤蔓顶端开始采收，下方的侧芽还会继续生长，采收期持续时间长。

夜。按 30~40 厘米的间距，每处撒 2~3 粒种子，采用点播法。在种子上面覆盖一层薄土，大量浇水。此外，地温如果没有上升，还可以在栽培箱或盆内播种。如果继续用栽培箱等培育，将栽培用土、泥炭藓或腐殖土、蛭石以 5∶3∶2 的比例混合，将 50 克复合肥作为基肥使用。

间苗、追肥　分别在真叶长出 2 片、4 片后进行 2 次间苗，每处只留 1 株。第 2 次间苗后，每 10 天使用 1 次液体肥料，每月 2 次，在植株周围撒复合肥并培土。栽培箱培育时，株距为 15 厘米，间苗。为防止土壤干燥，在上面铺腐殖土和泥炭藓等。此外，边间苗边培育，真叶长到 5~6 片后可移栽至田畦。

摘心、搭架　落葵长到 20 厘米高时，下面只留 5~6 片叶，将顶端的芽摘除，促进侧枝生长。搭架或利用栅栏等，使落葵向搭架生长。

■ 采收

落葵长到高 50 厘米左右时，新长出的侧枝留下 2 片叶，从离顶端 15 厘米的地方开始采收。落葵的花也可食用。果实成熟后采收并在室外晒干，可保存作为黑紫色的色素使用。

■ 病虫害

落葵对病虫害的抵抗力强，不用过于担心。

菜用黄麻 椴树科

只食用嫩叶和嫩茎的健康蔬菜

菜用黄麻的花

菜用黄麻

[栽培月历]

月	1	2	3	4	5	6	7	8	9	10	11	12
播种、采收				播种 ▬▬▬						采收		
田间管理				间苗 ▬▬ 定植								
				摘心 搭架 ▬▬								
					培土 ▬							
施肥				基肥 ▬▬ 追肥 ▬▬			▪	▪				

栽培要点

· 能食用的部分只有嫩叶嫩茎。种子、果实和茎干含有毒素

· 避免极度干旱和肥料不足

· 在开花前采收

■ 特性

菜用黄麻原产于印度西部、非洲热带地区，据说曾治好埃及王的疾病，是一种营养价值高的蔬菜。菜用黄麻富含钙、胡萝卜素、维生素 B_1、B_2、B_6、C、E、K 等营养成分。种子、果实、茎干的部分含有毒毛旋花苷这一毒素。在开花前采收，只食用嫩叶和嫩茎。

■ 品种

没有品种分类，市面上销售的是菜用黄麻的种子。

■ 栽培方法

菜用黄麻发芽的适宜温度是 25~28℃，生长的适宜温度是 22℃以上。日照时间变短后开花，被霜打过则会枯萎。菜用黄麻喜储水好的肥沃土质。

播种 4~5月，将提前浸泡一晚的种子撒播至栽培箱。将培养土或赤玉土或栽培用土与腐殖土以 7∶3 的比例混合，放入基肥。上面覆盖一层薄土，浇水。

育苗 真叶长出 2 片后间苗，株距为 6 厘米。间苗后，每 10 天施用 1 次液

●栽培顺序

1 发芽温度高，越晚播种越容易成功。

4 避免撒播后的种子干燥，在真叶长出 2 片后间苗。

2 在播种难以发芽的种子时，提前用水浸泡一晚，放入纱布并绑好，放入杯内，保持不浮起来的状态。

5 最终，真叶长出 5~6 后，株距需要达到 20~25 厘米。此后，每 10 天追施 1 次液体肥料。

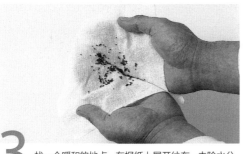

3 找一个暖和的地点，在报纸上展开纱布，去除水分。通过以上催芽方法，大致可以达到发芽的温度条件。

6 长到 30 厘米高后，从顶端开始采收，促进侧枝生长，搭架。在开花前采收。

体肥料，培育至长出 5~6 片真叶。

　　定植　每平方米倒入 1 桶堆肥，各撒 1 把复合肥和鸡粪，仔细翻耕。挖出宽 120 厘米的田垄，按株距为 60 厘米定植 2 排。在夏天的干燥时期，为避免土壤干燥，浇水或铺干草。用栽培箱培育，株距为 20~25 厘米。

　　直播　在不担心晚霜后，挖出与定植时相同的田垄，每处撒 10 粒种子，采用点播法。长出 2 片真叶时间苗，长出 4~5 片真叶时按 1 株定植，后续的种植方法相同。

　　追肥　少量撒播复合肥，与土壤混合。此外，持续施用液体肥料。

　　摘心、搭架　为增加叶片数量，在菜用黄麻长到 30 厘米时摘心，促进侧枝生长。长到 40 厘米后，搭架，使茎干停止生长。

■　采收

　　在开花前，对侧枝摘心，留下下叶，从顶端开始采收，只食用嫩叶嫩茎。注意采收时不要混入种子、果实、老的茎干等。

■　病虫害

　　保持通风，注意防除叶螨。一旦发现斜纹夜蛾类害虫，立即消灭。

青梗菜

十字花科

炒菜、煮食都呈鲜艳的绿色

青梗菜（青帝）

青梗菜的花

［栽培月历］

月	1	2	3	4	5	6	7	8	9	10	11	12
播种、采收			春种播种 ▓▓▓▓			采收		秋种 ▓▓▓		▓▓▓		
田间管理			间苗 ▓▓▓						▓▓	防霜冻 ▓▓▓		
			培土 ▓▓		▓				▓	▓		
施肥			基肥 ▓▓▓		追肥 ▓▓			▓▓▓	▓▓			

栽培要点

● 避免连作，撒苦土石灰中和土壤酸性
● 施足基肥和追肥
● 高温期，利用寒冷纱防晒

■ 特性

青菜是相对于结球的白菜而言的不结球白菜，分为绿色茎干（青梗）的青梗菜和白色茎干（白梗）的小白菜（参考第 148 页）。青梗菜含有丰富的矿物质，口感爽脆，十分受欢迎。青梗菜和油脂配合绝妙，煮食时放入一点油，风味更佳。

■ 品种

引入中国品种后改良的日本青梗菜品种，有"青帝""长阳""夏赏味""长江"等，小型品种有"姑娘"等。

■ 栽培方法

一年四季都可栽植，但是青梗菜不喜夏天的高温潮湿，春种或秋种更为简单。在春天抽薹前采收。

播种地点 青梗菜不喜酸性土壤。在播种的 2 周前，每平方米撒 2 把苦土石灰，仔细翻耕。青梗菜喜肥沃土壤，在播种的 1 周前，每平方米倒入 1 桶堆肥，撒 2 把复合肥，挖出宽 50 厘米的田畦。

● 栽培顺序

1 撒播或条播，在上面覆盖一层薄土并压实。大量浇水，避免土壤干燥，4~5 天后发芽。

3 间苗，大概留下一半幼苗。留下的幼苗保持大小基本一致。

2 真叶长出后，叶片拥挤则开始间苗。除掉过大、过小、遭受病虫害的幼苗。

4 长出5~6片真叶时，株距为10~12厘米。在春天抽薹前采收。

播种　春种在 4~5 月播种，秋种在 8 月下旬 ~9 月下旬播种，平整田畦，在宽 30 厘米的平床上撒播，种子上覆盖一层薄土，用锄头背面轻轻压实，避免土壤干燥，及时浇水。

间苗　真叶长出后，为避免叶片拥挤，开始间苗。长出 5~6 片真叶时，株距为 10~12 厘米。秋种，边间苗采收，边调整株距至 20 厘米。

追肥　观察生长情况，撒 1~2 次复合肥并培土或施用液体肥料。

■　采收

从 4~5 厘米长到 15 厘米后，从根部开始收割。秋种，降霜后，需要使用寒冷纱或塑料棚。春种，即使青梗菜还小，也要在抽薹前采收。用浸湿的报纸包裹后放入塑料袋并密封，再放进冰箱，可保存 1 周左右。

■　病虫害

一旦发现蚜虫、小菜蛾、菜青虫等虫害，立即用除虫菊素水乳剂防治。秋种时利用寒冷纱等也能防治虫害。防治霜霉病和白锈病则需要注意不能过度潮湿。在定植时，使用氟啶胺防治根肿病。

小白菜

映入眼帘的白色叶柄

十字花科

小白菜的花

小白菜

[栽培月历]

月	1	2	3	4	5	6	7	8	9	10	11	12
播种、采收			春种播种 ▰▰▰▰▰▰					秋种 ▰▰▰				
				采收 ▰▰▰▰▰▰▰						▰▰▰▰▰▰		
田间管理				间苗 ▰▰▰▰▰▰					▰▰▰			
				培土 ▰▰▰▰▰▰					▰▰▰			
施肥			基肥 ▰▰	追肥 ▰▰▰				▰▰▰	▰▰▰			

■ 特性

由于在中国广东地区流行，也被称为"广东白菜"，是来自中国的白梗青菜。小白菜和青梗菜的区别在于叶柄是否为白色。以前，日本将青梗菜称作"青梗小白菜"，名字十分类似，现在将叶柄为白色的青菜称作"小白菜"。

小白菜引入日本后，部分改良品种和水菜是近亲。小白菜比青梗菜的株型更为松散，市面上销售得更少。其营养在于叶柄的白色部分，比青梗菜含量少，但还是含有丰富的胡萝卜素、维生素 C 和矿物质。

■ 品种

有"白茎小白菜""中国小白菜""小白菜"等品种，早熟品种较多。

■ 栽培方法

栽培方法基本与青梗菜相同。如果是种在具有良好排灌条件的地点，则小白菜对土质要求不严格。小白菜耐热，夏天也能顺利生长，相比春种，秋种不用担心抽薹，更易栽植。

● 翻耕做垄

每平方米撒 2 把苦土石灰，翻耕。垄宽 30 厘米，挖出深 10 厘米的播种沟。倒入基肥，翻耕做垄。

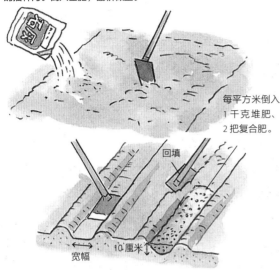

每平方米倒入 1 千克堆肥、2 把复合肥。

回填

宽幅　10 厘米

● 播种

在平床上撒播种子，避免种子过于集中。在种子上面覆盖一层薄土，用锄头背压实，浇水。

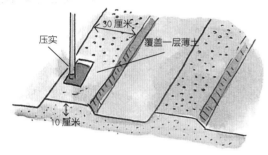

压实　30 厘米　覆盖一层薄土

10 厘米

● 间苗、追肥

真叶长出后间苗。分 2 次间苗，株距为 10~15 厘米，在垄上撒复合肥，除草、中耕、培土。株距小，叶柄的成长会受影响。

间苗后的幼苗可在其他地方定植。

复合肥

培土

● 浇水

土壤干燥后需要大量浇水。水分不足，叶片会变硬。避免过量浇水。

● 采收

小白菜长到 15~20 厘米进行采收。未长大时，小白菜也成形了，可在高 10 厘米左右开始采收。

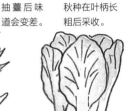

抽薹后味道会变差。

秋种在叶柄长粗后采收。

　　播种地点　撒苦土石灰中和，每平方米倒入 1 千克堆肥，撒 2 把复合肥后翻耕，挖出宽 30 厘米的田垄。

　　播种　发芽温度为 18~25℃，避开盛夏，在 4 月中旬 ~9 月下旬播种。在田垄内撒播种子，上面覆盖一层薄土，用锄头背轻轻压实，浇水。

　　间苗　真叶长出后，分 2 次间苗，株距为 10~15 厘米。

　　追肥　间苗结束后，每平方米撒 1 把复合肥，培土。干旱严重时需要浇水。

■ 采收

　　小白菜长到 15~20 厘米时，开始采收。春天采收需要避免抽薹，及早完成采收。小白菜在未长大前也能采收，采摘所需的食用部分，采收时间也可以延长。和青梗菜的保存方法相同，可保存在冰箱，但是小白菜的鲜度容易下降，最好及时食用新鲜的小白菜。

■ 病虫害

　　与青梗菜相同。即使有部分虫害，也能品尝到家庭菜园独有的味道。

乌塌菜 十字花科

在冬天也想吃到绿黄色蔬菜

乌塌菜的花

乌塌菜

[栽培月历]

月	1	2	3	4	5	6	7	8	9	10	11	12
播种、采收			采收					秋种播种				
田间管理									间苗		防霜冻	
									培土			
施肥								基肥		追肥		

■ 特性

乌塌菜属于不结球性的叶菜类，可用于制作腌菜。不结球性的叶菜类的叶片不会结球，主要食用叶片部分，多数是在中国改良后很早就传入日本的。乌塌菜在第二次世界大战中传入日本，20 世纪 70 年代开始普及。天气寒冷时，乌塌菜贴地生长，天气暖和则直立生长。秋种，在寒冷天气下栽种出的乌塌菜味道更好。

■ 品种

乌塌菜有许多别名，市面上经常出现的品种有"绿彩 1 号""绿彩 2 号"等。

■ 栽培方法

乌塌菜十分耐寒，在寒冷天气采收，可以吃到柔软美味的蔬菜。春天也能采收。

播种地点 在播种的 2 周前，撒上苦土石灰并翻耕。在播种的 1 周前，每平方米倒入 1 桶堆肥、撒 2 把复合肥，挖出宽 60 厘米的田畦。

● 栽培顺序

1 在普通田畦上撒播，在田畦上按行距为 15 厘米条播。上面覆盖的土不要太厚。

4 真叶长出 3~4 片，进行第 2 次间苗。春种的乌塌菜直立生长，株距为 10 厘米。

2 长出真叶后，进行第 1 次间苗，统一幼苗大小。一次不用拔走太多。

5 秋种的乌塌菜会贴地生长，真叶长出 5~6 片后，株距需要达到 20 厘米。

3 对叶片拥挤的部分进行间苗，株距为 2~3 厘米。注意不要伤到附近幼苗的根部。

6 秋天，播种后 80 天左右采收，寒冷天气下培育出的乌塌菜更加美味。中途也可采收。

　　播种　8 月下旬 ~10 月上旬，田畦小则全面撒播，田畦长则采用行距为 15 厘米的条播。此外，乌塌菜移栽比较容易，也可以在育苗盆内播种，经过 20~30 天，真叶长出 3~5 片后移栽。春种是在 4 月上旬 ~ 中旬，夜晚温度需达到 12~15℃。

　　浇水　高温天气持续时，需要浇水，尤其是在发芽前，不能让土壤处于干燥状态。

　　间苗　发芽后，从叶片拥挤的地方开始间苗，长出 5~6 片真叶时，株距为 20 厘米。春种，由于乌塌菜是直立生长，长出 3~4 片真叶时，株距为 10~15 厘米。间苗后的幼苗也可以食用，还可以作为遭受虫害的幼苗的备用补充。

　　追肥　观察生长情况，在田畦内撒复合肥，培土，也可施用液体肥料，但需要注意氮肥的施用。

■ 采收

　　秋种是在播种后的 80 天、春种是在 60 天后采收。此前，只采收所需要的部分，可延长采收时间。寒冷天气培育的乌塌菜更加美味，但需要做好防风对策，用苇席等挡风。

■ 病虫害

　　注意蚜虫。避免有机肥料出现在土壤表面也很重要。

雪里蕻

雪里蕻 十字花科

秋种能延长采收时间

[栽培月历]

月	1	2	3	4	5	6	7	8	9	10	11	12
播种、采收		春种播种			采收			秋种				
田间管理			间苗							防霜冻		
施肥			基肥									

栽培要点

● 避开高温
● 施足基肥
● 留够株距

■ 特性

雪里蕻在中国也被称为"雪里红"，是耐低温、耐旱的叶芥菜。第二次世界大战中传入日本，当时的名字是"千筋菜芥子"。雪里蕻在寒冷天气下辣味会增加，味道更好。锯齿状的叶片十分柔软，秋种时，雪里蕻能长到约50厘米高，叶片长到20片以上，可进行分株。煮食能减轻辣味，也可作为青菜食用。

■ 品种

雪里蕻品种不多，市面上以"雪里蕻""雪菜"的名字销售。

■ 栽培方法

雪里蕻不喜酸性土，对土质要求不严格，耐寒。秋种时，整个冬天都能持续采收。

栽培地点 播种的1周前，每平方米撒2把苦土石灰，翻耕。畦宽60厘米，按锄头宽度挖出播种沟，每平方米倒入1桶堆肥，各撒2把油渣和复合肥，回填后平整田畦。雪里蕻的生长期很长，需要施足基肥。

● 翻耕做垄

每平方米撒 2 把苦土石灰，翻耕。畦宽 60 厘米，挖出锄头宽度的播种沟。倒入基肥后回填。

锄头宽幅

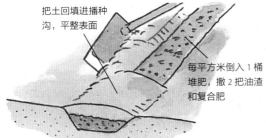

把土回填进播种沟，平整表面

每平方米倒入 1 桶堆肥，撒 2 把油渣和复合肥

● 播种

在田畦内撒播种子，表面覆盖一层薄土后，用锄头背压实。充分浇水，等待发芽。

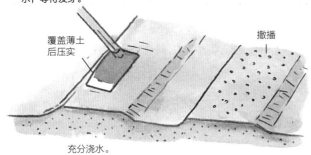

覆盖薄土后压实

撒播

充分浇水。

长出 5~6 片真叶的幼苗

25 厘米

不用一次拔完，循序渐进地间苗。

● 间苗的利用

长出 2~3 片真叶时开始间苗，长出 5~6 片真叶时株距应为 25 厘米。将间苗后的幼苗连根移栽到其他地方，比如栽培箱，这些幼苗也可以食用。

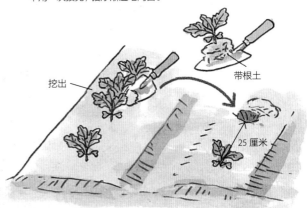

挖出

带根土

25 厘米

● 越冬

秋种时，需要在北侧挂上苇席等挡寒风，避免叶片被冻伤，到春天也能采收。但过晚采收，天气转热后，叶片会变硬。

　　播种　秋种是在 8 月下旬 ~9 月播种，春种是在 3 月下旬 ~4 月播种。在播种沟上全面撒播种子，覆盖一层薄土，大量浇水，避免土壤干燥，促进发芽。

　　间苗　长出 2~3 片真叶时，开始间苗。长出 5~6 片真叶时，调整株距为 25 厘米。雪里蕻经过长时间的栽培，植株越长越大，需要留足株距，但是春种在天气转热前要完成采收，株距可以不留太宽。间苗后的幼苗可种植在其他地方。此外，雪里蕻未成熟前也可以食用，只对需要的部分进行间苗，不会造成浪费。

■　采收

　　秋种是从 10 月下旬开始采收，春种是从 5 月中旬开始采收。秋种采收后保持原样，第 2 年的春天还能再次采收，需要在北侧挂上挡风的苇席等，避免叶片被冻伤。但是，雪里蕻长得过大，纤维会变硬，避免过晚采收。

■　病虫害

　　雪里蕻对病虫害的抵抗力强，但是需要避开十字花科的连作。

[香料类]

罗勒 唇形科

摘心可以提高产量

甜罗勒

紫红罗勒

桂皮罗勒

[栽培月历]

月	1	2	3	4	5	6	7	8	9	10	11	12
播种				播种 ▉▉▉▉▉▉▉								
田间管理				向盆内定植 ▉▉▉▉▉▉▉▉▉								
采收							采收 ▉▉▉▉▉▉					
追肥					追肥 ▉	▉	▉					

■ **特性**

罗勒原产于亚洲热带地区和非洲，作为精油具有镇静作用等。在日本，罗勒作为一年生草本植物，在每年春天播种。

■ **品种**

除甜罗勒外，还有柠檬罗勒、桂皮罗勒等香气浓郁的品种，红叶品种的紫红罗勒等，以及其他不同叶片形状的品种。

■ **栽培方法**

在 4~7 月播种。利用间苗和扦插可以提高产量。

播种地点 选择日照好的地方。罗勒喜排水、储水好的肥沃土壤。应施足堆肥等。

播种 高温能促进发芽。条播或按株距 40 厘米点播，在上面覆盖一层极薄的土，轻压，大量浇水。气温低时，采用栽培箱播种，长出 4 片真叶时，定植到施用过基肥的土里。

间苗 发芽后，若土壤干燥，则在上午浇水。间苗以避免叶片拥挤。真叶长出 6~8 片后，株距需要达到 40 厘米。

■ **采收**

罗勒长到 15 厘米高时，采收并摘心，促进侧枝生长。将上面的侧芽摘心。采收花芽，采收量大时，可将多余的罗勒晒干。

■ **病虫害**

早期防治蚜虫和叶螨。

154

迷迭香

唇形科

香气浓郁，少量使用

迷迭香（匍匐型）

迷迭香（直立型）

[栽培月历]

月	1	2	3	4	5	6	7	8	9	10	11	12
播种			播种									
田间管理			第2年定植				在盆内定植					
采收								采收				
追肥					追肥							

■ 特性

迷迭香原产于地中海沿岸一带，是常绿灌木，成长缓慢。迷迭香不仅可以去除肉类和鱼类的腥味，还被视为抗衰老的香料。

■ 品种

迷迭香有直立型和匍匐型两种，直立品种开紫色、青色、粉色和白色的花。

■ 栽培方法

迷迭香喜日照好、排水好、略干燥的土壤。想提高产量或更新植株时，可扦插新芽。

播种 在山樱开放时播种。发芽需要2周，将赤玉土等倒入栽培箱，为避免土壤干燥应及时浇水。

临时定植 迷迭香长到3~4厘米高时，临时定植至3号育苗盆；长到10厘米时，移栽至5号育苗盆。

定植 第2年，定植长到10厘米高的迷迭香。撒苦土石灰翻耕，挖出深50厘米的种植坑。在底层倒入泥土，再将土壤回填，按株距为30厘米定植。盆栽栽培时，每2年将剪下来的迷迭香重新栽植。

■ 采收

对叶片拥挤的部分进行间苗、剪除，利用其枝叶部分。也可制作成干燥的迷迭香利用。

■ 病虫害

迷迭香可作为驱虫植物使用。

百里香 唇形科

开花前制成干燥香料，香味更浓郁

银斑百里香

普通百里香

[栽培月历]

月	1	2	3	4	5	6	7	8	9	10	11	12
播种			春种播种					秋种				
田间管理				定植								
				扦插								
采收				采收								
追肥					追肥							

■ **特性**

百里香的精油具有防腐作用，它在西餐中是不可或缺的一味香料。

■ **品种**

除普通百里香外，还有超过 400 种叶片颜色、株型、香气不同的品种。百里香也有匍匐品种。

■ **栽培方法**

选择日照好，排水好的干燥地点，在户外也可以越冬。

播种 4~5 月播种，由于种子小，先将种子播种至栽培用土中，补充水分，约 1 周后发芽。间苗后，培育至约 2 厘米高。

定植 在高垄内定植，株距为 30 厘米；或将排水好的栽培用土倒入 5 号盆，种植 3 株；或在栽培箱内种植 4 株。

剪枝 第 1 年不采收，促进植株生长。摘心后，枝数增加，将叶片拥挤的部分间苗并剪枝。5~9 月，将剪下来的枝条用于扦插。

■ **采收**

初夏，在开花前采收，阴干后，除去叶片并保存。百里香木质化后，剪除 1/3，使植株重新生长。

■ **病虫害**

避免过度潮湿和多肥。

鼠尾草 唇形科

药用效果好的鼠尾草

凤梨鼠尾草

药用鼠尾草

[栽培月历]

月	1	2	3	4	5	6	7	8	9	10	11	12
播种			春种 ▄▄▄					秋种 ▄▄▄				
田间管理				定植 ▄▄						▄▄▄		
采收				采收 ▄▄▄▄▄▄▄▄								
追肥				追肥 ▄			▄		▄		▄	

■ 特性

鼠尾草原产于地中海沿岸一带，是一种被认为有药效的万能香草。

■ 品种

有药用鼠尾草、银白鼠尾草、紫色鼠尾草、凤梨鼠尾草、樱桃鼠尾草等许多品种。

■ 栽培方法

鼠尾草喜日照好、排水好的地方，不适应高温潮湿的环境。发芽困难，选购幼苗培育比较轻松。

播种　春天或秋天，在无菌土里撒 3~4 粒种子，使用育苗盆或栽培箱在暖和的地方进行管理，避免土壤干燥。间苗后，将长出 6~8 片真叶的鼠尾草在每处留 1 株进行管理。

定植　使用苦土石灰和堆肥后翻耕做垄，株距为 40 厘米，定植。生根后浇水，盆栽也需要避免土壤干燥，及时浇水。

摘心　摘心后，促进侧芽生长，增加叶片数量。第 1 年最重要的是促进植株生长。

追肥　每 2 个月追肥 1 次，施用油渣等。

■ 采收

对叶片拥挤的部分进行间苗、采收。制作干燥的鼠尾草则使用在开花前采收的部分，从 30 厘米高处剪下。

■ 病虫害

早期防治蚜虫。避免过度潮湿。

薰衣草 唇形科

香气浓郁的香料，适合装饰点心

英国薰衣草

法国薰衣草

[栽培月历]

月	1	2	3	4	5	6	7	8	9	10	11	12
播种		春种 ▬						秋种 ▬				
田间管理			定植 ▬▬▬						▬▬			
采收					采收 ▬▬▬▬							
追肥			追肥 ▬▬▬		▬				▬▬			

■ **特性**

薰衣草有很好的镇静作用。

■ **品种**

大致分为英国薰衣草的狭叶类、法国薰衣草的齿叶类和西班牙品种、杂交品种的醒目薰衣草等品种。

■ **栽培方法**

发芽率低，易杂交，最好选择从幼苗开始栽植。选购盆栽幼苗或从扦插开始培育。播种时，将 10 粒种子撒在育苗盆内，避免盆土干燥，以促进发芽，按 5 厘米的间距进行间苗。

栽培地点 薰衣草喜干燥疏松的土壤，控制氮肥的施用量。

定植 按株距为 45 厘米定植，到生根前使用寒冷纱等遮阳，新芽生长后浇水。薰衣草不适应高温潮湿的环境，夏天下叶会掉落。在盆栽或栽培箱内培育时，土壤干燥后应及时浇水，夏天放置在阴凉处管理。

■ **采收**

将开花前的花序阴干后使用。关键在于摘心，以促进侧芽生长，并剪掉数片叶。

■ **病虫害**

高温潮湿的环境会导致植株受到闷热的影响，容易发生病虫害，故应注意通风。

车窝草

法国菜里使用的香料

伞形科

车窝草的花

车窝草

[栽培月历]

月	1	2	3	4	5	6	7	8	9	10	11	12
播种			春种						秋种			
田间管理				定植								
采收				采收								
追肥				追肥								

■ **特性**

车窝草原产于东欧、西亚。车窝草作为经美食家认证过的香草，高级的香气是其特征。

没有特意分出品种。

■ **栽培方法**

车窝草不耐热也不耐寒，春种或秋种都可，夏天需要遮阳，冬天需要保温。

播种 使用堆肥，在储水性好的土壤里按30厘米的间距薄种，或在5号盆内播种3~4粒种子，在上面覆盖一层极薄的土，浇水。车窝草发芽容易，但不喜移栽。雨后放晴后幼苗易倾倒，导致病害，提前在地面铺塑料薄膜或干草。

间苗 叶片开始拥挤时，用剪刀间苗。土壤干燥时浇水，夏天和冬天使用寒冷纱、塑料棚等。使用栽培箱则在室内进行管理。

抽薹 第2年春天，车窝草抽薹，叶片停止生长，应及早采收花茎。

■ **采收**

播种后5周可开始采收。只采收需要用的部分，留下5~6片叶。叶片含有维生素C和胡萝卜素，在菜肴上桌前放入采收的新鲜车窝草。

■ **病虫害**

注意通风，避免肥多。防治蚜虫。

[香料类]

薄荷 唇形科

容易杂交，注意选好栽培地点

胡椒薄荷

留兰香

苹果薄荷

[栽培月历]

月	1	2	3	4	5	6	7	8	9	10	11	12
播种			春种						秋种			
田间管理				定植								
				扦插								
采收					采收							
追肥			追肥									

■ **特性**

薄荷十分容易和周围的植物杂交，因此品种也非常多。想要享受各个品种带来的乐趣，最好分开种植。新鲜薄荷和干燥薄荷都可以使用。

■ **品种**

含有薄荷醇的胡椒薄荷类，能带来清凉感；留兰香类有带苹果、柠檬等香甜气味的品种。

■ **栽培方法**

薄荷原产于地中海沿岸地区，不耐高温潮湿的环境，喜低温干燥，对土质要求不严格。

播种　4~6月或9~10月，在播种土内撒播种子。缓苗、浇水，发芽后边间苗边培育。

定植　长出3~4片真叶时，按株距为30厘米定植。薄荷在贫瘠土壤中也能生长。想增加品种时，可以购买幼苗。

摘心　真叶增加后进行摘心，以促进侧芽生长。对叶片拥挤的部分，可连茎叶一起采收。

■ **采收**

开花后，从根部开始采收，做成干燥薄荷。由于薄荷容易杂交，采收后的种子和原植株的性质大多不相同。选择香气好的植株，用扦插、分株的方法增加植株。

■ **病虫害**

氮过多会导致薄荷锈病，注意氮肥施用量。

吃起来美味，种起来快乐

种植蔬菜的基本要领

容易栽培的蔬菜和不易栽培的蔬菜

容易栽培	需要花费精力	需要一定技术
秋葵、苦瓜、菜豆、豌豆、蚕豆、甘薯、萝卜、生姜、洋葱、小松菜、紫苏	茄子、辣椒、黄瓜、胡萝卜、生菜、甘蓝、葱、鸭儿芹	番茄、西瓜、甜瓜、菠菜、西芹

想种出安全又美味的蔬菜

能安心食用的美味蔬菜逐渐受到欢迎。最近，有一些蔬菜虽然看起来不美观，而且价格不低，却也受到了人们的喜爱。因为这些蔬菜只使用有机肥料，或是在培育过程中尽可能不使用农药。越来越多的人希望用自己的双手及安心的方法种植食材。

在庭院里开辟菜地，或是利用租来的菜园，只要找到适合自己的方法，就能享受蔬菜栽培的乐趣。种植方法有多种，本书的目的正是向希望享受种植蔬菜乐趣的人介绍种植方法，感受收获的喜悦。

现在，市面上销售的蔬菜品种多种多样。有的品种经过改良，在各个时期都能实现高品质的大量收获；有的品种一旦被种植在不适合的环境，就容易产生病虫害；还有的品种需要大量肥料。因此，在种植蔬菜时，完全不使用肥料和农药是相当困难的一件事。即使做到完全不使用肥料和农药，但也可能出现没有收成的问题，令人困扰。此外，即使是小型菜园，要做到无农药的有机栽培也十分耗费精力，可以一边种植蔬菜，一边考虑怎么做。尽可能地减少农药的使用，以施用有机肥料为主，从把收获作为目标的蔬菜栽培开始吧！

初次种植，选择抗病虫害强、生长期短的蔬菜

不管自然条件多么优越，容易发生的虫害、难以发芽的种子、需要使用大量肥料的蔬菜等情况，都会导致对肥料和农药的依赖，不如一开始就选择病虫害少、能在贫瘠土壤里生长、放任不管也有一定程度采收量的蔬菜，不用过多施肥和喷洒农药。

生长期一长，就会出现各种各样的问题，还会需要大量的肥料。比起需要长时间生长的果菜类蔬菜，选择短时间就能采收的叶菜类蔬菜、栽培时间短的早熟品种等，是栽培成功的诀窍之一。

培养对种植蔬菜的自信心，习惯了耕作后，再结合自己的经验挑战其他蔬菜，从而能够提高成功率。

了解让栽培变容易的条件，从创造条件开始

虽然选择品质好的种子和幼苗是非常重要的，但是考虑到家庭的食用量，其实不需要过高的产量。即使长势不太喜人的幼苗、新芽，也能根据环境进行调整并有收获。幼苗的好坏是关键，培育的环境、选择适合当季的蔬菜也很重要。

耐低温蔬菜和耐高温蔬菜

	低温（生长最适温 10~18℃）		高温（生长最适温 18~25℃）	
	相当耐寒	不耐严寒	不耐 25℃以上的高温	耐 25℃以上的高温
果菜类			番茄、甜玉米、黄瓜、南瓜	茄子、甜椒、辣椒、秋葵、越瓜、苦瓜、丝瓜
水果类	草莓		甜瓜、西瓜	
豆类	豌豆、蚕豆		菜豆	毛豆
根菜类	白萝卜、芜菁、胡萝卜	马铃薯	牛蒡	甘薯、芋头、生姜
叶菜类	白菜、甘蓝、菠菜、水菜、小松菜、洋葱、薤	叶葱、花椰菜、西蓝花、西芹、香芹、生菜、茼蒿、鸭儿芹、大蒜、分葱	芦笋	紫苏、韭菜、落葵

了解蔬菜的原产地，就能明白蔬菜大致的喜好，比如日照、土壤性质、气温（地温）等。原产热带的蔬菜在冬天培育就会很困难，但是在夏天可以顺利生长。高原的夏天也十分凉爽，选择喜凉爽气候的生菜等品种，栽培会简单不少。

反过来说，如果想在不适合蔬菜生长的环境里种植，只能使用强力的药剂和大量肥料。

当地特色品种，适应当地环境

既有只能在一个地区内栽种的蔬菜，也有推广普及到全世界的蔬菜。顺应环境，选择当地的特色品种，培育也会变得简单。个体差异大的蔬菜会有各地的特色品种。茄子、腌菜类等蔬菜都有许多地方特色品种。

为减少病虫害下功夫，减少农药使用

人觉得吃起来好吃的蔬菜，对虫子来说也是美味的。但是，长势良好的蔬菜不会因为被虫子咬了一口就无法生长、不能采收。完全没有虫子的田地、没有虫啃食的植株则显得有些不自然。但是，发生严重虫害、传染病等，不管环境怎么好，也不能收获蔬菜。

抑制病虫害的发生，也要减少农药的使用，有许多方法可以帮助实现这一点。即使在不得已的情况下使用了药剂，可以选择市面上销售的从自然原料中提取的药剂。根据自身的种植条件，找到适合的方法，不要感到有压力，一起来种植蔬菜吧。

不依靠肥料，多花精力也能提高产量

化学合成的肥料分缓效性和速效性肥料。速效性肥料在施肥后能迅速地产生变化，效果好，但也说明相应的风险大。天然原料加工的有机肥料没有速效性肥料起效那样迅速，但是能让人安心地使用。灵活运用各类肥料的组合，促进蔬菜的顺利生长。

主要使用有机肥料，辅助使用化肥

用存在于自然中的植物、动物来源的原料加工的肥料，被称作"有机肥料"，化学物质合成的肥料则是"化肥""无机肥料"。有机肥料的作用一般比较缓慢长效，具有"迟效性"和"缓效性"，化肥则一般有"缓效性"和迅速起效果的"速效性"两种。

有机肥料的效果一般要花很长时间才能体现出来，基本不会引起因肥料过多导致的"烧根"现象。化肥使用比较轻松，但是使用过多化肥会导致蔬菜腐烂、强行改变生长周期、一直无法采收等问题。只追求眼前的效果比较容易，但是掌握正确的施肥方法十分重要。

蔬菜生长的基本"肥料三要素"

植物的生长所必需的营养成分有16种，其中所需量最多、最重要的成分是氮（N）、磷（P）、钾（K），被称为"肥料三要素"。还有钙、镁，合称"肥料五要素"。除此之外，还需要从空气和水中得到的氢、氧、碳，需要吸收各种营养成分。土壤中含有的硫、铁、锰、铜、钼、硼、锌、氯等微量元素，可以通过堆肥补充，不用担心营养不足。

排水性好、储水性好、通气性好的土壤，撒苦土石灰中和，补充钙和镁，土壤中的微量元素也能被植物吸收。用肥料补充被大量消耗的三要素。

氮

"叶肥"。为茎叶的生长所必需，氮是三要素中所需量最大的。氮是影响叶菜类成熟最大的要素。如果氮不足，蔬菜生长迟缓，氮过多则造成生长期延长，贪青晚熟，果菜类表现为迟迟不能结果，豆类则是豆荚迟迟不饱满，根菜类表现为根部不膨大等。氮易溶解在水里，可以通过追肥补充。

磷

"果肥"。生长初期需要大量的磷，磷不足会导致根系生长不好，影响开花结果。尤其是果菜类，磷不足还会影响草莓、西瓜等采收。此外，秋种、第2年采收时，洋葱等需要越冬的营养，为促进根系的茁壮生长，也要施用磷。磷不会随着雨水流走，可在施用基肥时补充足量的磷。

钾

"根肥"。钾能促进根部发育，是提高抗寒性、耐热性、抗病性的养分，还是根菜类不可缺少的要素。叶菜类和根菜类蔬菜的钾不足时，味道会变差。钾易溶于水，长期栽培需要追肥补充。

堆肥是改良土壤时不可或缺的材料

"堆肥"是指用植物等转化的腐殖质的土壤改良肥料。稻草、收获后的蔬菜渣、落叶等腐化后产生的肥料，完熟堆肥后没有了原本的形态，基本没有味道。最好施用完熟堆肥，使用未熟的堆肥可能会导致病虫害。购买时，一定要买完熟堆肥。

堆肥具有改良土壤的效果，与土壤混合后，使土壤形成团粒结构（参考第174页），可以先保存多余的肥料成分，发挥缓和肥料浓度等作用。

●堆肥的制作方法

1 在洞内放入厨余垃圾、杂草、稻草、落叶等材料。浇水至握住材料能出水的程度，再在表面多踩几下。

2 在上面放入促进发酵的材料和米糠、油渣、鸡粪等。重复堆几层，并在上面铺塑料薄膜等防雨。

3 经过 10~20 天，发酵的热气被释放后，将各层混合，使洞内的堆肥与空气接触。最后把塑料薄膜盖回去。

4 经过 2~3 次的混合，用手握住堆肥，呈易破碎的状态，则说明堆肥已完成。高温时期需要 2~3 个月，低温时期需要 8~10 个月。

●利用地下掩埋型容器制作堆肥的方法

1 对容器整体打洞，将其底部切开。还可以直接购买掩埋型堆肥设备。

2 挖洞后将容器埋入，倒入堆肥的材料。臭味明显时，放入土壤和促进发酵的材料。

3 将厨余垃圾倒入容器内并充分腐熟。

4 经过 3 个月以上，恶臭消失后可使用。堆肥做好后撤掉容器，将堆肥转移到其他地方。

自己制作堆肥，成本低又安心

只要每天有厨余垃圾和土壤，就能自己制作堆肥。如果没有制作堆肥的场地，可以购买一个堆肥垃圾箱，就能在阳台上自己制作堆肥。作为减少垃圾的一个环节，日本的各自治体也有对相关装置进行补贴的政策，可向当地相关部门咨询后购买。

堆肥的制作方法

在排水好的地方挖出一个洞，放入吃剩的蔬菜、除过的杂草、稻草、落叶、木屑等，为促进腐熟，再放入米糠、油渣、鸡粪等混合，埋入洞里。加水后，在洞口铺塑料薄膜，避免雨水进入的同时抑制气味扩散。偶尔翻土，交换堆肥的上下层。

用手握堆肥，呈易破碎的状态时就说明可以使用了。挖洞堆肥需要 3 个月，用堆肥垃圾箱则 1 个月左右就能做好。

制作堆肥的诀窍

堆肥是微生物分解有机物后产生的，微生物的帮助是制作堆肥的关键。第一，水和空气要平衡。可以加入适量的水，程度为握住时能出水。第二，氮和碳元素要平衡。加入富含氮的米糠等也是

肥料的种类和成分（标准值）

肥料的种类		成分含量（%）			备　注
		氮	磷	钾	
复合肥料	有机 A23 号	10	6	7	含有机肥料的复合肥
	PK 化肥	0	20	20	需要控制氮施用量的蔬菜可以使用的复合肥
	IB 化肥	10	10	10	广泛使用
	普通复合肥	8	8	8	广泛使用
单质肥料	硫酸钾	0	0	50	受雨水、浇水的影响小，吸收率高。具有速效性
	氯化钾	0	0	60	成本低，氯元素可能导致土壤酸化，需要注意
	钙镁磷肥	0	20	0	弱碱性，缓效性。属于枸溶性磷肥。肥效好
	过磷酸钙	0	17	0	主要成分是水溶性磷酸。具有速效性
	尿素	46	0	0	可以作为溶液喷洒在叶片表面
	硫酸铵	21	0	0	具有速效性，适合追肥
有机肥料	草木灰	0	2	5	补充钾，草木灰最为有效。含钙
	米糠	2	4	1.5	磷酸肥料，含钙、镁
	干燥鸡粪	2.5	3.5	1	含钙。未腐熟的肥料容易引起病害
	骨粉	4	20	1	果菜类蔬菜不可缺少的肥料
	油渣	5	2	1	地温在 15℃以上时，应使用发酵后的油渣

出于这个原因。还可以加入促进分解的发酵材料。第三，材料要小。材料越大，分解所需的时间也越长。厨余垃圾要弄碎，比如把鸡蛋壳敲碎，之后再倒入制作堆肥的洞或容器内。

有机肥料改良土壤，作为基肥使用

有机肥料基本都含有肥料三要素和微量元素，还可以选择含有所需要的大量营养成分的肥料。含氮多的油渣是从植物榨油过程中提取的，鱼粉里也含有氮。骨粉、鸡粪、米糠含磷多，在土壤里不易扩散，因此应事先在根部附近使用堆肥。草木灰含有钾，但有时仅靠有机肥料补充所需的全部元素是比较困难的。可以用硫酸钾等进行补充。

有机肥料不仅仅补充养分，还可以改良土壤，作为基肥使用。

有机肥料和复合肥相比，营养成分含量更少，因此市面上也有出售含有机质的复合肥，即"有机复合肥"。有机复合肥是原材料里包含有机质的复合肥料。

使用复合肥，高效补充所需养分

复合肥含有肥料三要素，配比平衡，使用轻松。希望早日采收，复合肥的用量超过规定量后，反而会造成负面效果。必须仔细阅读说明书，使用合适的用量。经常使用的复合肥是 N-P-K=8-8-8，标注三要素成分的总量在 30% 以下的普通复合肥。也有补充某一种特定养分的肥料，想迅速补充缺乏的养分时十分便利。多数复合肥没有气味，不用担心会导致虫害也是一个优点。

但是，过于依赖复合肥会导致植物的生长不均衡。此外，土壤急速酸化也是一个问题。

以有机肥料为主体，有追肥和使用大量肥料的需求时，使用复合肥。

叶片变黄、长势不佳，种植者往往会怀疑是不是出现了病虫害，但首先要检查是不是浇水、施肥过多或过少引起的。因为水分不足，也会造成叶片枯萎、果实掉落。这些都排除后，如果还发现异常，就要寻找原因，确认是虫害还是病害。

选择抗病性强的种类、品种、幼苗

番茄、黄瓜、甜瓜等蔬菜本身就容易发生虫害。此外，与野生品种相比，经品种改良的蔬菜更易受到病害影响。嫁接苗抵抗土传病害的能力强，除此之外，也有一些抗病性强的品种等。防治病虫害的第一步是选择不易发生病虫害的蔬菜。

防范病虫害，培育生命力顽强的蔬菜

被害虫啃食的叶片，无法再恢复原样。由于病害而枯萎的茎干也不能恢复正常。病虫害发生后，能做的只有防止病虫害的进一步蔓延。换言之，最重要的是提前防范病虫害的发生。这样，即使发生病虫害，植株也不会受到很大影响，依然保持旺盛的生命力。培育强健植株，需要良好的栽培条件、恰到好处的管理。避免植株陷入容易发生病害的高温干旱、低温潮湿环境，均衡补充缺少的肥料，每天的悉心管理和防范病虫害的发生有着密切联系。

此外，防范病虫害发生的方法还有最近受到关注的"伴生栽培法"。

伴生栽培法，发挥蔬菜自身的特性

植物拥有的一些成分，具有驱虫、使附近的植物某种成分增加的作用等。作物与作物种植在一起，生长状态更好，则两者称为"伴生植物"。尤其是被视为药草的香料类蔬菜，植物含有多种有效成分，与其他蔬菜一起种植，不仅可以预防病虫害，还可以期待种出来的蔬菜更美味。

改变环境的道具，也能用于防治病虫害

防治引起花叶病的蚜虫，覆盖寒冷纱或无纺布是一种有效的办法。银灰色对蚜虫有趋避性，市面也有销售银色塑料薄膜、银色塑料胶带等工具。对于黄瓜、西瓜容易遭受的黄守瓜、种蝇等虫害，可以通过播种后种在育苗盆内防治。塑料薄膜可以防止土地在雨天后的高温，减少病害的发生。

遮挡塑料薄膜等对防治虫害也有相当大的效果。

病虫害发生后，做好避免蔓延的应对措施

如果发生虫害，需要找到害虫并驱虫。一旦发现甘蓝夜蛾的幼虫、切根虫、斜纹夜蛾的虫卵等，需要彻底清除。病害则需要尽早摘除受病害影响的茎叶、果实，防止病害面积扩大。喷洒农药以防止病菌、病毒的扩散。

使用农药时，需要对症下药。很多时候无法断定病因，可以向信赖的园艺商店描述问题，寻求帮助。

能安心使用的天然原料农药

农药的原理是通过化学物质杀死害虫和导致病害的病菌等。农药或多或少都对植物本身产生影响。尽可能不要向生吃的番茄、生菜等喷洒农药，植物还有可能会通过土壤吸收农药成分。

最近受到关注的是利用天然原料加工的农药。它与伴生栽培法也有共通之处，都是从自然界提取害虫讨厌的成分，提高植物本身的抗病虫性。直接喷洒这类农药能提高杀菌、杀虫效果，事前预防性地喷洒也能防治病虫害。

人们所熟知的木醋液，是将木头烧成木炭的过程中冒出的烟气冷凝而得到的液体。木醋液不仅有杀菌、杀虫的成分，还能提高细菌活性，促进有机肥料的分解，提高肥效。相似的还有竹醋液等也在市面上销售，也可以自己制作。

多育苗，防患于未然

为避免出现啄食种子的鸟害，可以采用在栽培箱或育苗盆内播种，培育成幼苗后再移栽。豆类、甜玉米等蔬菜可以采用上述的移栽培育方法，保护种子不被啃食。

蔬菜容易发生的病虫害

病虫害	症状和发生条件	发生时期
青枯病	从顶端开始枯萎，最后整株枯萎。茄科植物的连作障碍导致的土传病害	夏天高温时期
黄萎病	叶片变黄，最后整株枯萎。多发于甘蓝、萝卜，土传病害	夏天高温时期
白粉病	白粉扩散。排水、通风不好容易引起该病害。多发于葫芦科、豆科及草莓等植物	全年
疫病	茎叶、果实长出不规则的含水病斑并急速扩张，最后植株腐败。土传病害，持续的雨天等潮湿天气时多发。马铃薯等茄科植物容易患疫病	夏天多发
菌核病	茎叶从褐色变为黑色，出现白色的菌丝，呈核状。土传病害。多发于葫芦科、叶菜类、豆科、番茄等	梅雨季节
锈病	茎叶出现白色斑点，铁锈色的粉状颗粒。葱类植物肥料不足时容易发生	春、秋
脐腐病	番茄等幼果的顶端出现黑色坏死小点并腐败。缺钙引起的生理障碍，缺水也容易诱发该病害。表皮变硬是条腐病，日照不好、多肥容易诱发该病害	全年
立枯病	地表的茎干枯萎。是许多蔬菜在幼苗期会发生的病害	育苗初期
炭疽病	茎叶、果实长出圆形黄斑，多雨天气出现黏质物。该病发生后，扩张迅速，造成植株枯萎。排水和通风不好、连作容易诱发该病害，多发于葫芦科、豆科	6月至秋天
蔓枯病	藤蔓的根部流出红褐色液体，最终枯萎。过度潮湿易诱发该病，多发于葫芦科	高温时期
蔓割病	叶片枯萎、变黄，是葫芦科连作障碍的一个表现	高温时期
软腐病	甘蓝等开始结球时，地面的叶片变软，全株迅速腐败并散发恶臭。高温时，排水、通风不好，容易诱发该病害，多发于白菜、甘蓝、萝卜等，土传病害	春至秋的高温时期
灰霉病	茎叶、花朵上长出灰色的霉点，茎干等部分都枯萎。潮湿天气下，番茄、草莓、生菜等容易发生该病害	低温潮湿时期
白斑病	叶片上出现不规则的白斑。多发于白菜	5~6月
半身萎凋病	生长过程中突然枯萎。连作导致的土传病害，多发于番茄和茄子	4月~7月上旬
霜霉病	叶片出现多角形斑点（葫芦科为黄褐色，十字花科为灰白色），后变为褐色，叶片内侧长出霉点。在20℃左右的潮湿环境中，多发于葫芦科、十字花科、洋葱	高温潮湿时期
花叶病	叶片上出现马赛克状斑点，整体变黄，最终枯萎。由于是由病毒导致的病害，几乎所有的蔬菜都可能发生	全年
菜青虫	菜粉蝶、蛾等的幼虫，啃食叶片，留下叶脉。多发于十字花科	春、秋
蚜虫	几乎所有的蔬菜都会发生的虫害，不仅吸取茎、叶、根的树液，还通过病毒传播病害	全年
玉米螟	啃食甜玉米的茎干、雄穗、雌穗。从洞里向外排泄粪便从而发现虫害	雄穗长成时
黄守瓜	又称瓜叶虫。幼虫啃食葫芦科植物的叶片和果实	春至夏
小菜蛾	叶片内侧藏有约1厘米长的绿色幼虫，啃食叶肉后形成孔洞。多发于十字花科	夏天（高温、干燥时多发）
蛀心虫	菜螟的幼虫会啃食幼苗，使幼苗枯萎。多发于十字花科	7月末~9月
蓟马	缨翅目昆虫的统称，如葱蓟马。长约2毫米的虫啃食叶片、花朵，叶片被啃食后常留下条纹。在高温干燥时期多发于葫芦科、豆科、葱类	高温干燥时期
线虫	在土壤中啃食蔬菜的根部，还传播病菌，扩大病害。线虫还会使根上形成瘤状物，植株枯萎	春至秋
种蝇	黄白色楔形幼虫，啃食种子、幼苗并使其枯萎。排水不好、使用了未腐熟的堆肥等是其发生原因。多发于葫芦科、豆科、十字花科等	春、秋
切根虫	黄地老虎的幼虫会啃食叶片，3龄后的幼虫夜间啃食地表的幼苗，使幼苗枯萎。多发于茄科、葫芦科、十字花科等蔬菜	春、秋
叶螨、神泽氏叶螨	生长于叶片背面，叶片上出现斑点、变白。环境干燥时多发于葫芦科、豆科、茄子、草莓等	高温干燥时期
甘蓝夜蛾、斜纹夜蛾	大部分的蔬菜都会发生该虫害。在叶背产卵，幼虫啃食叶片。高龄幼虫变成灰褐色，夜间啃食幼苗，使其枯萎。对高龄幼虫农药也不起作用	春、秋（甘蓝夜蛾）8~10月（斜纹夜蛾）

病虫害何时出现、达到哪种规模是不确定的，在播种时多育苗，即使遭受病虫害，也有备用的幼苗可以补充。

育苗难，不如购买幼苗

日本的气候不适合很多蔬菜的种子发芽，发芽率低，可以购买幼苗开始栽培，能确保一定的成功率。甜瓜等种子的发芽温度较高，如果不是专业人士，很难使种子成功发芽。一般选择从幼苗开始栽种，省去栽培过程中困难的部分，病虫害也可以减少许多。在晚霜结束后，购买幼苗，迅速定植。早买的幼苗放置在日照好的地方，缓苗，以适应新环境。

为避免连作障碍，选择嫁接苗是一个好方法。容易出现连作障碍的品种大部分都有幼苗、嫁接苗出售。如果是租来的菜园，不知道前一年都种过什么蔬菜，担心土传病害问题，又希望在短时间内提高产量，最好还是选择购买嫁接苗。

伴生栽培法的举例

蔬菜	伴生植物和效果			
	预防病虫害	促进成长	提升风味	阻碍生长等
番茄	大蒜、洋葱、薤、茄子（青枯病、立枯病）、旱金莲（蚜虫）、万寿菊（线虫、粉虱）、罗勒、茴芹、莳萝、薄荷、琉璃苣	罗勒、细香葱、万寿菊、香蜂花、琉璃苣、荷兰芹	罗勒	甜玉米、马铃薯、茴香
茄子	大蒜、洋葱、薤、番茄（青枯病、立枯病）、甜玉米（吸引蓟马的天敌小花蝽）、万寿菊（线虫）	毛豆		向日葵
黄瓜	大蒜、洋葱、薤（枯萎病）、罗勒、茴芹、莳萝、旱金莲、琉璃苣	菜豆（无蔓品种）		迷迭香
南瓜	琉璃苣	甜玉米、琉璃苣		
甜玉米	茄子（吸引蓟马的天敌小花蝽）	南瓜		番茄
甜椒	旱金莲	毛豆		菜豆（有蔓品种）
草莓	洋葱、万寿菊、琉璃苣、生菜、菠菜、豆类	大蒜、琉璃苣		百里香、迷迭香
西瓜	大蒜、葱、韭菜（枯萎病、立枯病）			
甜瓜	大蒜、葱、韭菜（枯萎病、立枯病）	向日葵		
豆类	大蒜、车窝草、葛缕子、万寿菊、琉璃苣	万寿菊、迷迭香、碧冬茄	迷迭香	葱类、大蒜、茴香
菜豆		黄瓜（有蔓品种）、碧冬茄		甜椒、葱类
豌豆（有蔓品种）		菠菜、胡萝卜		葱类
毛豆		茄子、甜椒、芋头		葱类
胡萝卜	细香葱（蚜虫）、迷迭香、葛缕子、芫荽、万寿菊	大蒜、豌豆（有蔓品种）、迷迭香、细香葱	迷迭香	莳萝
萝卜		葱类（夏收）		
樱桃萝卜	莳萝、旱金莲	车窝草		神香草
芜菁	万寿菊			茴香
马铃薯	万寿菊、辣根	万寿菊		番茄、迷迭香、黑莓
洋葱	番茄、草莓、车窝草、葛缕子、莳萝、万寿菊	生菜、洋甘菊	洋甘菊	
十字花科	旱金莲（粉虱）			
甘蓝	薄荷、百里香、鼠尾草、神香草、迷迭香（菜青虫）、茴香（钻心虫的饲料）、白花车轴草（吸引吃蚜虫、甘蓝夜蛾的益虫）、西芹、茴芹、牛至、罗勒、葛缕子、车窝草、莳萝、旱金莲、琉璃苣、薰衣草	洋甘菊、牛至、旱金莲、神香草、迷迭香	洋甘菊、薄荷、牛至、百里香、鼠尾草、迷迭香	草莓、琉璃苣
白菜	西芹			
生菜	莳萝、茴香、万寿菊、琉璃苣	洋葱、大蒜		
葱类	树莓			豆类
韭菜	茴芹、罗勒、莳萝、茴香			
西蓝花、花椰菜	白花车轴草（吸引吃蚜虫、甘蓝夜蛾的益虫）			琉璃苣
菠菜	芫荽、莳萝、琉璃苣	菜豆（有蔓品种）		
百里香、迷迭香				草莓、琉璃苣

选择日照好、通风好的地方开辟菜园

天气不好的年份，蔬菜的价格会上涨，这就是多数蔬菜喜日照的证据。除去"软化栽培"，以及喜阴凉的襄荷、鸭儿芹，蔬菜需要栽培在一天当中至少有半天都能照射到阳光的地方。日照不好的地方，选择能适应温度、水分、光线不足条件的蔬菜，在早春也能采收。

此外，通风好，病虫害的发生率也会降低，但是强风对植物也不好。

春种和秋种组合，高效栽植各类蔬菜

家庭菜园的一个乐趣在于少量栽培每种蔬菜，采收多种蔬菜。即使菜园很小，也能收获100个番茄、30根萝卜、150根胡萝卜。家庭食用量一次性达不到这么大，可以分3次采收3种不同的蔬菜。将家庭菜园分区，种植不同种类的蔬菜。

采收后，又可以栽种不同的蔬菜，还能继续增加蔬菜品种。按照一定的种植周期重复种植特定品种的蔬菜，被称为"轮作"。制定好家庭菜园的轮作计划，种植蔬菜的乐趣又会增多。

蔬菜种植大致分为"春种"（秋天采收）和"秋种"（从冬天到第2年早春都能采收）。根据温度和日照时长（从日出到日落的时间），蔬菜的成长周期各有不同，有些蔬菜既可以春种，也可以秋种。品种改良使得不同品种的生长周期各不相同，种植蔬菜的自由度也更高，选择面更广了。另外，根据从播种到采收时间，分为时间短的"早熟品种"、时间长的"晚熟品种"，以及介于两者之间的"中熟品种"。根据土地空出的时间，选择想要种植的品种。

进行菜园规划时，要考虑到如何利用生长周期不同的蔬菜，即使在面积狭小的菜园内，也要提高效率，种植多种蔬菜。

思考如何利用蔬菜生长特点制订种植计划

果菜类和豆类是在春天播种和定植，夏天采收。结出果实后要及早采收。早期，施氮过多会导致徒长，迟迟不结果。

种植根菜类时，需要深耕，避免将肥料直接撒到根部。根部长大后，生长后半期，叶片也会长大。

叶茎菜类的生长期短，根系浅且广。

对生长期长的蔬菜，中途的追肥是相当重要的。采收期长的蔬菜，需要避免采收期中水分不足、肥料不足的问题。仔细考虑自己想要种植的蔬菜需要多大的田地、空间，需要多少精力，制订菜园的种植计划。

种植蔬菜和菜园规划的关键在于克服连作障碍

番茄的采收结束后，又在同样的地方种植番茄幼苗，这样在同一个地点连续种植同一种蔬菜，被称为"连作"。

蔬菜在生长过程中会大量吸收土壤中的某种特定成分，继续种植的同种蔬菜很可能出现养分不足的情况。还有一些品种会从自己的根部分泌引起自身中毒的成分，导致生长障碍。影响最大的是病毒和病菌、有害微生物带来的可传染病害，

适应和不适应潮湿环境的蔬菜

适应潮湿环境的蔬菜	不适应潮湿环境的蔬菜
茄子、芋头、西芹、洋葱、鸭儿芹	番茄、南瓜、菜豆、甘薯、牛蒡、萝卜、菠菜、葱

喜强光的蔬菜和喜弱光的蔬菜

需要强光的蔬菜	需要一定强光的蔬菜	日照不好也能生长的蔬菜	喜弱光，讨厌强光的蔬菜
瓜类、番茄、茄子、甜椒、辣椒、甘薯、秋葵、西蓝花	豆类、黄瓜、南瓜、芋头、萝卜、胡萝卜、菠菜、牛蒡、芜菁、甜玉米、甘蓝、西芹、洋葱、花椰菜、白菜	草莓、生姜、茼蒿、葱、韭菜、小松菜、芦笋、奶油生菜、生菜、豌豆、小白菜、香料类	鸭儿芹、襄荷

不容易出现连作障碍和需要轮作的蔬菜

不容易出现连作障碍的蔬菜	间隔 1 年以上的蔬菜	间隔 2 年以上的蔬菜	间隔 3~4 年以上的蔬菜	间隔 4~5 年以上的蔬菜
南瓜、洋葱、葱、胡萝卜、萝卜、甘薯、大蒜、襄荷	菜豆、芜菁、甘蓝、菠菜、茼蒿、水菜、鸭儿芹	黄瓜、草莓、马铃薯、白菜、生菜、奶油生菜、韭菜、生姜、苦瓜	番茄、茄子、甜椒、辣椒、甜瓜、越瓜、花生、花椰菜	西瓜、豌豆、蚕豆、芋头、牛蒡

并通过土壤传播。连作可能会导致生长恶化，这种现象被称为"连作障碍"。

连作障碍麻烦的地方不仅在于会伤到蔬菜的根部，使其生长情况恶化，还可能会导致无法预防的土传病害。

蔬菜品种不同，连作障碍的程度也不同。有些品种需要间隔好几年才能再次种植，有些品种则即使每年连续栽种，也不会有什么明显影响。

种植蔬菜时，要避开连作障碍制订菜园规划。如果菜园大，有条件让田地休耕则另当别说，但是在面积有限的菜园内，需要区分各种蔬菜种植的范围，避免蔬菜之间互相影响，选择每年想种的蔬菜和栽培地点。

尽管是要避开连作，但种完番茄后种黄瓜也是不行的。容易引起连作障碍的蔬菜一般是同属同科的，种过茄科、十字花科等蔬菜的土地，之后需要种植其他科的蔬菜。

利用嫁接苗或播种抗病性强的种子

避开连作障碍的方法之一是选择种植嫁接苗。嫁接苗使用的砧木是不会引起连作障碍的植物，因此即使在同一地点种植同一种蔬菜也不会出现问题。但是，若种得太深，嫁接苗的接穗会长出不定根，则失去了种植嫁接苗的意义，在定植时要注意种植的深浅。

最近，市面上也有出售经过品种改良的种子，抗病性增强。品种名称一般带有"耐病""YR（Yellow Resistance＝抗黄萎病）"等标识。

嫁接苗也是由抗病性强的种子培育而来的，能放心地栽植。

种植不需要担心连作障碍的蔬菜

容易发生连作障碍的蔬菜有茄科、豆科、葫芦科、十字花科，而胡萝卜、南瓜、甜玉米、小松

小菜园的规划（约6米²）【例1】

图例： ▲购入幼苗、播种后的定植　●┈┈┈●播种　■采收期　●──●生长期　▲──▲定植

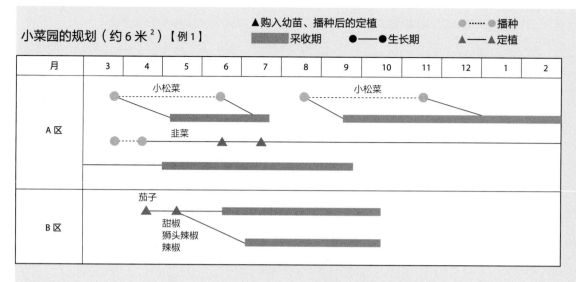

【例2】

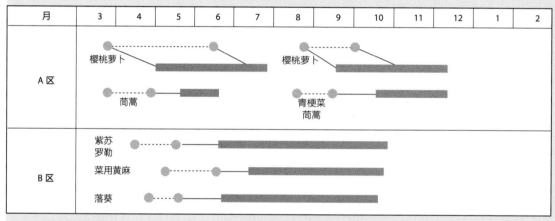

※ 全部以中间地区为基准

小菜园的规划（约12米²）【例1】

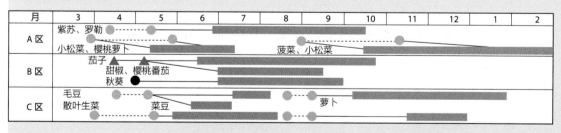

【例2】

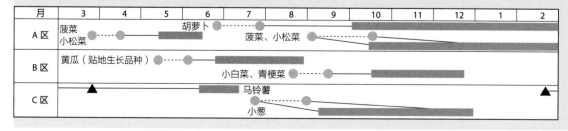

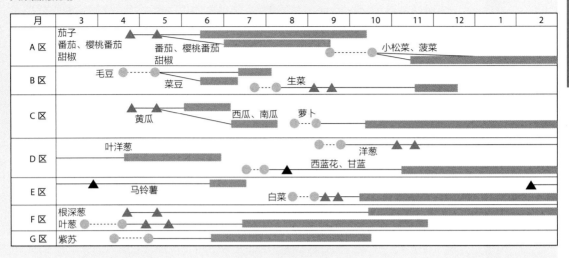

大菜园的规划

菜、甘薯等连续栽种也不会出现连作障碍。另外，葱类蔬菜不仅不会出现连作障碍，还能改良土壤，使得下一轮耕种的蔬菜更易栽培。豆科植物也不会出现连作障碍，而且由于根瘤菌会释放氮，对之后种植的其他蔬菜来说反而是好事。

不仅要避开同一科属的连作，在采收抗病虫害能力弱的蔬菜之后，种植生命力强健的蔬菜，也能改良土壤，因此要考虑好轮作的顺序。

租用出租菜园，需要特别注意连作障碍

没有庭院可以栽植蔬菜的人，可以利用各地提供的出租菜园。虽然租借菜园十分简单，但是很多时候你并不清楚菜园之前都种过什么蔬菜。

如果想省去土壤消毒的步骤，尽快开始蔬菜栽培，首先需要翻耕土地（参考第175页）。其次，撒堆肥和苦土石灰并混合，第1年选择不担心出现连作障碍的蔬菜品种。如果想种植茄子和番茄，可选择种植嫁接苗。

最后，之前菜园有可能已经大量施用过化肥，最好用苦土石灰中和土壤酸性。如果想要栽培无农药的有机蔬菜，旁边的菜园却在使用农药，实施起来还是很困难的，与附近菜园的主人一起商量是解决问题的第一步。

从开始就认真养地，带来好收成

种子的播种地点、幼苗的定植地点都需要能提供生长所必需的营养成分，准备好种植的蔬菜喜欢的土壤。养地并不仅仅是在播种和定植前进行，最迟也要提前1~2周做准备，肥料等不要直接往根部施用。播种、定植多是在春、秋天进行，养地则在寒冷的早春、高温持续的晚夏时期进行。

基本流程是将前作蔬菜的根、茎叶、杂草等全部清除，撒石灰后施肥。

不留前作蔬菜的痕迹，恢复土壤肥力

为避开连作障碍，将前一年栽种的蔬菜的根、茎叶等全部清除。虽然这些东西会成为营养，但是不能混进土壤。

然后，使用专用药剂对土壤消毒，夏天利用太阳消毒，冬天则采用上下翻耕的方法。用太阳消毒的方法是：每平方米倒入2桶干草、杂草，撒2把石灰氮，深耕后浇水，在表面铺塑料薄膜，经过3~4周后，将约30厘米的表土和下面30厘米的土壤上下翻耕。深耕促进植物根系的生长。

用石灰中和蔬菜不喜的酸性土壤

降雨不仅会使土壤板结，还会造成钙质流失，导致土壤酸化。蔬菜一般喜欢中性到弱酸性的土壤，在没有栽培过植物的地方，降雨会使土壤变成强酸性。酸性土壤不仅会伤害根系，还会阻碍磷的吸收，阻碍蔬菜的成长。

在种植前，先在土壤上撒苦土石灰和熟石灰，中和酸性。正确的作业流程是：购买市售的测定套装，测试土壤的酸碱度。pH在6.0以下时，需要撒石灰。酸碱度用"pH"表示，每向碱性偏0.1，每平方米撒20~30克的苦土石灰，熟石灰需要撒12~18克。

不用花费过多精力，只要在播种和定植前每平方米撒2把苦土石灰（土壤表面呈现白色），然后深耕，这样就避免了酸性土壤的难题。培育不适应酸性的菠菜和花椰菜时，参考"70种蔬菜的栽培方法"。若石灰撒多了，土壤呈碱性，植株会难以吸收镁和铁元素。此外，撒苦土石灰后，可以迅速定植。但其他石灰撒多时，会伤害蔬菜的根部，最少需要在2周前做好定植的准备。

混合基肥翻耕，打造适宜蔬菜的土壤

之前种植过蔬菜、已经施过肥的土壤只需要翻耕。一般，使用堆肥等有机肥料能慢慢地使土壤变得肥沃。在种植蔬菜前施用的肥料被称为基肥。

在田畦内整体施用基肥的方法被称为全面施肥。在土壤内倒基肥，随着基肥逐渐分解，土壤最终变得蓬松。土壤中含有空气，排水性好，含有充足水分和肥料。这是蔬菜喜欢的土壤，也就是呈"团粒结构"的土壤。每年每平方米消耗2千克堆肥，贫瘠土壤则要施用堆肥4千克左右。

每下一次雨，土壤间的孔隙就会逐渐消失，土壤板结。土壤从团粒结构变成单粒结构，排水性、通气性变差，不仅根系很难生长，还可能导致病害。

用贫瘠土壤培育生命力旺盛的蔬菜，可以不施用基肥，仔细耕作，将土壤挖

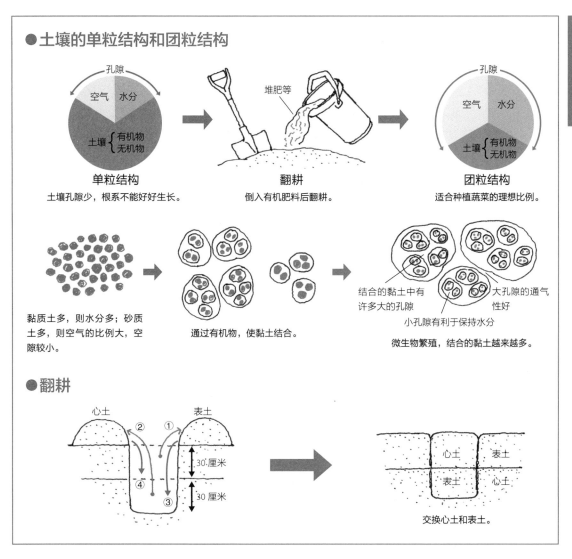

●土壤的单粒结构和团粒结构

单粒结构
土壤孔隙少，根系不能好好生长。

翻耕
倒入有机肥料后翻耕。

团粒结构
适合种植蔬菜的理想比例。

黏质土多，则水分多；砂质土多，则空气的比例大，空隙较小。

通过有机物，使黏土结合。

结合的黏土中有许多大的孔隙

大孔隙的通气性好

小孔隙有利于保持水分

微生物繁殖，结合的黏土越来越多。

●翻耕

心土　表土　30厘米　30厘米

交换心土和表土。

耐酸性土壤的蔬菜和不耐酸性土壤的蔬菜

耐酸性土壤（pH5.0~5.5）	较耐酸性土壤（pH5.5~6.0）	较不耐酸性土壤（pH6.0~6.5）	不耐酸性土壤（pH6.5~7.0）
西瓜、甘薯、芋头、马铃薯	番茄、茄子、胡萝卜、南瓜、黄瓜、甜玉米、萝卜、芜菁	白菜、甘蓝、生菜、韭菜	菜豆、洋葱、葱、菠菜、花椰菜

出后弄碎板结的土壤。使用锄头等工具，挖出深 30 厘米左右的土壤，弄散后翻耕。

了解土质，打造排水 + 储水 + 通气的土壤

　　黏质土虽然会使根部的生长速度放慢，但是可以收获肉质紧密的果实。砂质土虽然可以促进根系生长，但是根部容易老化，被病虫害影响，结出的果实不太健康。

　　蔬菜喜排水好、通气性好、储水性好的土壤，需要在掌握黏质土和砂质土的特点的基础上，考虑土壤混合的比例，调整堆肥和干草、浇水和施肥等。

针对培育的蔬菜改变基肥的施用方法

为了得到适合种植蔬菜的蓬松土壤，全面施用堆肥后应仔细翻耕，基肥可以提高根部吸收养分的效率，根据根部的性质改变施肥方法。

番茄和茄子等的茎干会长得很高，根系也会不断向下生长，将基肥埋进挖出的深沟里，这条沟就是施肥沟。在基肥上面倒入不含肥料的表土，再将幼苗定植，为了寻找营养，根部会不断向下生长。南瓜和黄瓜等蔬菜的茎干呈藤蔓状，类似这样根在浅层土中生长的蔬菜，肥料也需要埋得浅一些。早熟品种等生长期短的蔬菜，需要尽快吸收肥料养分，应在地表浅层大范围地施肥。根菜类蔬菜的根部生长的方向最好没有基肥，预防基肥导致的裂根等问题。

另外，在撒石灰之后，施用复合肥和油渣作为基肥之前，需要间隔1周，否则会产生气体，肥料的效果也会受到影响。

根据株距、行距确定垄宽后做垄

播种方式也会对垄宽产生影响。首先需要确定株距。根据根系需要多大的生长空间、茎叶会长多大来决定垄宽。生长范围宽的品种选择种成1排，采用普通垄，一般宽60厘米。在小菜园内的高效种植方法是起高垄种成2排，在保持行距的前提下，留足生长空间。垄的长度根据株距和所需生长空间进行调整。

田垄一般是南北向的，日照条件一致。越冬时，要在田垄北侧搭好挡风的苇席等，东西侧也都需要挡风。以垄高10厘米左右为标准，若排水条件差，则需要起高垄。容易干燥的土壤则起平床。最后，用钉齿耙等平整表土后，做垄完成。

地面覆盖，促进发芽、生长，防治病虫害

播种时，在地面铺塑料薄膜或者干草，称为地面覆盖。作用有避免土壤干燥，提高地温，抑制杂草生长，防止雨天导致的土壤板结和酸化，还可以降低雨后放晴导致的病虫害的发生率。

在地面铺黑色或透明的塑料薄膜、塑料布，即覆盖地膜后，能减少雨天导致的土壤中的营养成分流失，还可以减少施肥量。想提高地温、抑制虫害的发生时，使用透明塑料薄膜。想抑制杂草的生长则使用黑色塑料薄膜。抑制地温上升、提高防虫效果则使用银色塑料薄膜。

在施用基肥、翻耕做垄后，在地面上铺塑料薄膜，能有效地提高地温。播种、定植时，将塑料薄膜用手指戳破，或用剪刀剪出通气口。追肥时，如果植株还小，则在植株周围、塑料薄膜上面追肥，之后再在垄间追肥。

干草可以使用稻草、麦草等，也可以使用杂草等。若难以收集到干草，市面上也出现了商品干草。播种后，铺一薄层干草，夏天、冬天为防止土壤干燥，干草厚度最好为5~10厘米。

●做垄

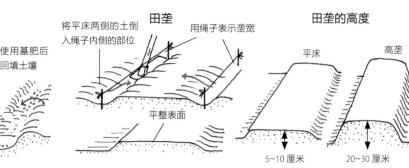

普通垄

挂绳子
挖沟
使用基肥后回填土壤

田垄

将平床两侧的土倒入绳子内侧的部位
用绳子表示垄宽
平整表面

田垄的高度

平床
高垄
5~10 厘米
20~30 厘米

●施基肥的施肥沟

30~50 厘米
30~40 厘米
基肥

1 挖出宽 30~50 厘米、深 30~40 厘米的沟，倒入基肥。

复合肥料
基肥

2 有需要时，在土壤上施复合肥。

表土
撒过复合肥的土壤
基肥

3 最后，在表面堆一层没有肥料的表土后种植幼苗。

●塑料薄膜

1 在田垄的一端铺上塑料薄膜，用土压住。

2 用塑料薄膜覆盖田垄整体。

3 在田垄另一端用土压住塑料薄膜。幼苗长成后撤去塑料薄膜。

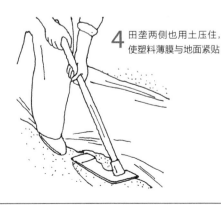

4 田垄两侧也用土压住，使塑料薄膜与地面紧贴。

5 播种、定植后剪出通风口，幼苗长好后撤去塑料薄膜。

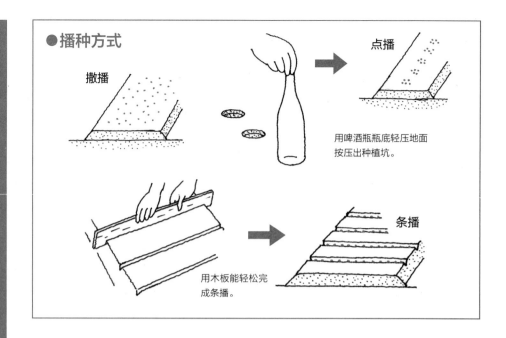

●播种方式

撒播

点播

用啤酒瓶瓶底轻压地面按压出种植坑。

条播

用木板能轻松完成条播。

从信赖的商店购买好种子，及早播种

市面上销售的装在塑料袋内的蔬菜种子，在包装袋上标注了发芽率，在合适的时间、条件下，大部分种子都能发芽。但是，如果种子一直被放在日照好的地方，或者是长期没有卖出去的种子、没有名字的种子，这些种子的发芽率可能比标注的发芽率要低。从信赖的商店购买好种子吧。

利用作为食材购买的果蔬、豆类的种子来种植似乎也不错，但是经过品种改良的蔬菜，即使生长条件再符合要求，也不会发芽，或长出的植株与母株的性质不同，还有可能染上病害，最终无法采收。因此，想吃到想吃的蔬菜，还是购买新种子吧。

新种子虽然好，但是除胡萝卜、菜豆、洋葱等，其他蔬菜的种子也可在低温干燥处保存 3 年左右。可以在密封容器内放入干燥剂，保存在冰箱内。

此外，种子的包装袋上还会标注适合的栽培方法，以此作为参考。

蔬菜种类不同，种子的处理方法也不同

不同蔬菜种子的发芽温度各不相同，在适宜的发芽温度下，一般 2~3 天或 1 周左右就会发芽，也有播种 1 个月后，都忘记播种这件事了，种子却突然发芽了。种子发芽晚是因为在播种后进入休眠状态、不能好好吸收水分。对这种类型的种子，在播种前先用水浸泡一晚上，让种子适应寒冷后再播种。

为了让蔬菜适应日本的气候，有时没到发芽温度也会播种。天气太寒冷，可以用塑料薄膜提高地温，用塑料棚等提高气温。一开始在栽培箱或育苗盆内播种，便于管理，白天放在日照好的地方，晚上移动到塑料棚下。另外，秋冬栽培的蔬菜，发芽温度一般是 15~20℃，有时为了配合采收期，提前在高温时期播种。此时，应将浸泡过的种子放置在凉爽的地方，使其发芽，也叫"催芽"，然后再播种。可在栽培箱和育苗盆里播种。有时也在田垄上挂寒冷纱后播种。

●覆土的方法

用手盖一层土（普通的覆土）。

用筛子筛一层土（覆盖一层薄土）。

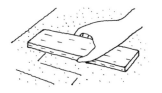

不盖土，用木板把种子压下去（小种子需要覆盖一层薄土）。

用锄头按压（小种子需要覆盖一层薄土）。

用播种沟两侧的土覆盖种子（普通的覆土）。

以条播为基本，播种方式需要考虑发芽率等

　　播种分在采收的地点直接播种种子的"直播栽培"，以及在育苗盆和栽培箱内播种后，将幼苗移栽至田垄的"移植栽培"。不喜移栽和培育期短的蔬菜选择直播。但是移栽时，幼苗的细根在不断增加，在天气不稳定的时期播种，最好选择移植栽培。关于移植栽培，在下一页的"育苗、选苗"部分还会再次介绍。

　　播种的方式，有整体均匀播种的"撒播"，按一列进行播种的"条播"。两种播种方式都会在发芽后，留下长势好的幼苗，边间苗边培育。当发芽率不高时，适当多播种小种子，少量地点播容易发芽的大种子。

　　考虑到部分种子不发芽，不生长的情况，应多播种一些种子。多株幼苗在一起更容易应对大风、低温、高温等环境的变化。但是，种子过多则会导致全体幼苗都长势不好，需要多加注意。

到发芽前都要注意防止土壤干燥和覆土的厚度

　　种子的发芽条件有合适的水分和光照。播种后，一般上面覆盖种子直径2~3倍厚的土壤，轻轻压实，使得种子和土壤充分接触，大量浇水。对难以吸收水分的坚硬种子，则提前用水浸泡，之后再播种。种子和土壤之间有空隙，会造成种子无法吸收水分，难以发芽。尤其是小的种子若没有压实的话，浇水后很容易被水冲走。

　　覆土多少是根据种子喜光性、厌光性决定的。葱、萝卜等种子不遮光就无法发芽，牛蒡、鸭儿芹等的种子则是遮光就无法发芽，因此需要根据种子的性质决定覆土的厚薄。覆土薄时，用周围的土壤轻轻覆盖一层，或者用筛子筛一层。尤其是喜光的生菜、西芹等的种子，用锄头或手轻轻按压就可以了。

　　豆类的种子经常发生在播种后被鸟啄食的鸟害。可以用报纸盖住，或是挂上寒冷纱、购买防鸟网来解决这一问题。

用塑料薄膜罩和塑料棚保护幼苗

刚长出根、叶片的幼苗，容易被高温、寒冷、强烈的日照等影响，造成伤害，因此要使用塑料棚来保温和遮光。

播种后，用小的塑料薄膜罩保温，还可以防止种子被啃食，可从市面上购买或利用大塑料瓶自制。发芽后，白天罩内可能会比较闷热，因此需要开通风孔，或将塑料薄膜卷起一部分。此外，幼苗长大后，需要把上面剪开，使其逐渐适应外部环境，尽量长时间地使用塑料薄膜罩等。

将半圆形的塑料棚盖在田垄上。防霜冻时，使用挂上寒冷纱的塑料棚。为避免光线不足，白天应撤去寒冷纱。寒冷纱具有遮光效果，高温天气也可以使用，而且通风好，能减少闷热导致的病虫害，还具有一定的防虫效果。需要保温时，使用塑料棚。使用塑料薄膜不需要花费大价钱。与塑料薄膜罩相同，白天温度高时，为避免高温应将塑料薄膜卷起来一部分。塑料棚用得太早会导致植株变弱，初霜后开始使用。

若不使用塑料棚，也可以搭架，上面挂寒冷纱或苇席。防晒时，搭架朝西，防寒时，搭架朝北。将北侧的垄堆得更高，或挂竹席等挡风。

在其他地方播种育苗后上盆

移栽，就是将种子播种在育苗的苗床上，或栽培箱、育苗盆里等，边间苗边培育。根部容易受伤的植株不喜移栽，可在育苗盆内播种、间苗，最后每处留1株培育，将根部连土整体移栽，不弄散根坨。小规模的家庭菜园使用栽培箱或育苗盆等培育更方便。

放置在日照好的地方，间苗后独立管理

播种用的床土，是田土和堆肥按1:1混合后制成的，也可以使用市面上销售的蔬菜培养用土。选择排水好、无土传病害的土壤是关键。

在日照好、风不强的地方，边浇水边育苗。用栽培箱培育时，注意防止干燥，在上面盖报纸，透过报纸喷水。发芽后撤去报纸。

发芽后，植株长出真叶，在叶片拥挤的部分间苗。除去遭受病虫害、过大、过小的幼苗，分几次间苗后，按照株距定植。防止间苗后出现叶片长不大、之后的生长不顺利等问题。第1次间苗时，在叶片拥挤的部分除去一半的幼苗。间苗时，压住旁边幼苗的根部，避免伤害到其他幼苗。

移栽强健根部，减少定植时的伤害

移栽是指换地方种植，即到定植前，幼苗是在其他地方培育的。移植栽培则是在真叶长出2片后，向苗床或育苗盆栽内移栽。方法和后为介绍的"定植"相同，在苗床上按10~15厘米的间距移栽，或一株一株移栽至4~5号盆内。

移栽后，若生长状态不好，施用少量液体肥料，撒1把硫酸铵。

选好苗，栽培更简单，采收量更大

没有病害虫、茎叶苗壮生长、节间也十分紧凑（叶片与叶片之间的距离小）

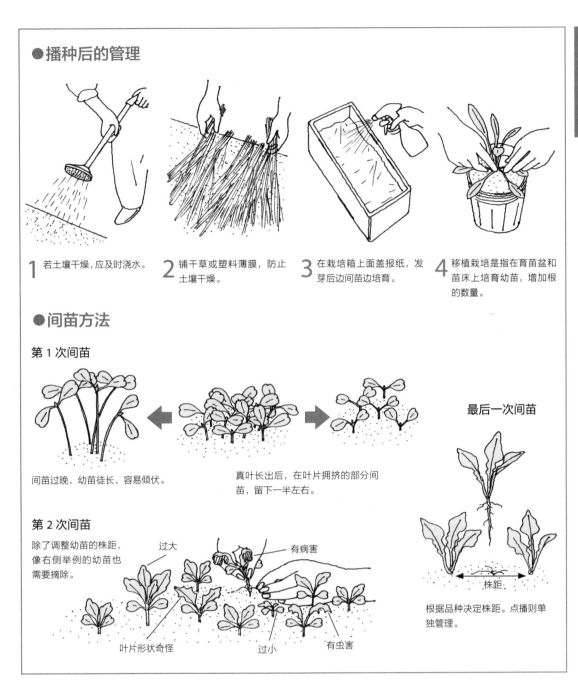

● 播种后的管理

1 若土壤干燥，应及时浇水。

2 铺干草或塑料薄膜，防止土壤干燥。

3 在栽培箱上面盖报纸，发芽后边间苗边培育。

4 移植栽培是指在育苗盆和苗床上培育幼苗，增加根的数量。

● 间苗方法

第 1 次间苗

间苗过晚，幼苗徒长，容易倾伏。

真叶长出后，在叶片拥挤的部分间苗，留下一半左右。

第 2 次间苗

除了调整幼苗的株距，像右侧举例的幼苗也需要摘除。

过大

有病害

叶片形状奇怪

过小

有虫害

最后一次间苗

株距

根据品种决定株距。点播则单独管理。

的幼苗，从外表就能判断出是会发育良好的幼苗。但是，使用氮肥催促生长的幼苗，第一眼看上去叶片青绿，株型较大，但是一旦肥料不足，幼苗就会失去良好的长势。注意不要被外表欺骗，仔细挑选好苗。

选择包装袋上明确标明种子名、品种名，叶片内侧和土壤表面没有发生病虫害的幼苗，尤其是对病害多的茄科蔬菜，要注意幼苗有没有出现变形的叶片。不要选择已经放了很长时间的幼苗，选择刚长出真叶的新鲜幼苗。与花草不同，蔬菜需要将根部整体移栽，选择稍大的苗盆，这样根部不会从下面漏出来。

番茄选择带有花蕾的幼苗，叶菜类蔬菜不要选择太大的幼苗。

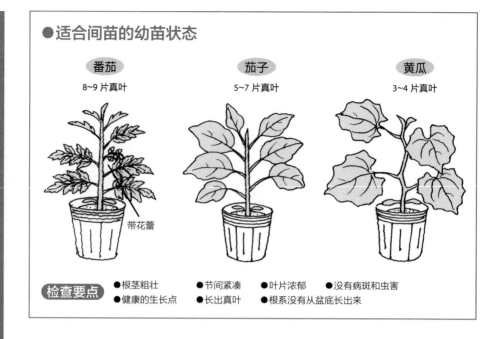

●适合间苗的幼苗状态

番茄
8~9 片真叶

带花蕾

茄子
5~7 片真叶

黄瓜
3~4 片真叶

检查要点
●根茎粗壮　●节间紧凑　●叶片浓郁　●没有病斑和虫害
●健康的生长点　●长出真叶　●根系没有从盆底长出来

根据根部大小挖种植坑，定植时避免弄散根坨

移植栽培是指从育苗的地点，将幼苗移植到富含营养成分的土壤。幼苗会长出新根，加速生长。移植育苗盆内培育的幼苗时，要避免弄散根坨。如果根坨被弄散，伤到根部后，生长会变慢。在苗床等处培育的幼苗，尽量连根部的土一起定植，这样一来，即使将幼苗定植到大菜园内，也不会因为过度潮湿而不能生长。而洋葱、葱类等植物，即使不连根部的土一起定植，也可以苗壮成长。

在定植 1 周前完成养地，选择天气温暖无风的晴天进行定植。田垄的土壤如果变干，从一开始就要补充足够水分。在田地管理前，浇透育苗盆内的幼苗。

测量垄间距和株距，挖出种植坑后定植

做垄时，根据行距、株距定植幼苗。测量后留下标记，挖出能种植幼苗的浅坑，从盆内取出幼苗后定植。移植过程中要避免根部干燥，迅速完成。

铺塑料薄膜的田垄，不能提前浇水，要在种植后浇水。

幼苗定植时，要注意不能种得过浅，否则干燥会导致幼苗存活率降低，也不能种得过深，根部受寒后容易发生病虫害。但是，排水不好的土壤可采用适当浅种，储水不好的土壤可采用深种。定植后，用手轻轻按压根部，固定幼苗。

定植后控制浇水，促进根部生长

看到水灵灵的新鲜蔬菜，也许会认为种植过程中也需要不断浇水，但是定植后应当控制浇水量，保持土壤潮湿即可。根部是会因寻求水分而不断生长的，这也是为什么将幼苗从盆中移植到田垄内可以促进根部生长。播种后充分浇水，定植时，提前在田垄内浇水，也给幼苗浇水，使田垄的土壤和盆栽土混合。

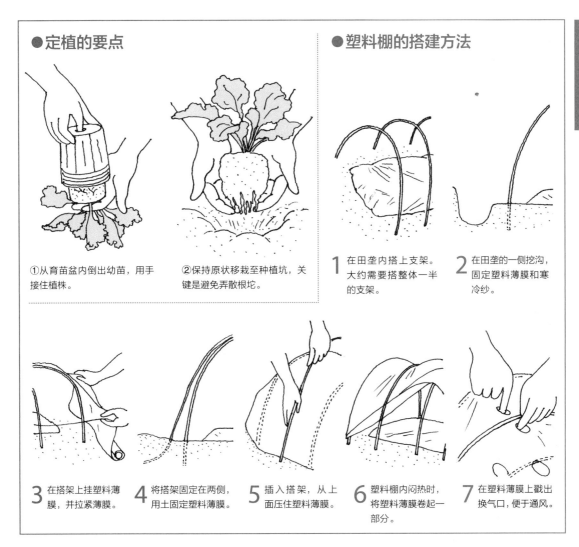

● 定植的要点

①从育苗盆内倒出幼苗，用手接住植株。

②保持原状移栽至种植坑，关键是避免弄散根坨。

● 塑料棚的搭建方法

1 在田垄内搭上支架。大约需要搭整体一半的支架。

2 在田垄的一侧挖沟，固定塑料薄膜和寒冷纱。

3 在搭架上挂塑料薄膜，并拉紧薄膜。

4 将搭架固定在两侧，用土固定塑料薄膜。

5 插入搭架，从上面压住塑料薄膜。

6 塑料棚内闷热时，将塑料薄膜卷起一部分。

7 在塑料薄膜上戳出换气口，便于通风。

浇水过勤导致植株变弱，影响蔬菜的味道

生根后，浇水过多会导致土壤中的空气减少，会引起根部腐败。此外，株高较高的蔬菜变弱，采收后会发现蔬菜味道很淡。

盆栽和栽培箱中的土壤水分有限，表土干燥后浇水。在土壤表面铺腐殖土等，可以防止土壤干燥。

露地栽培基本不需要浇水，但是出现 1 周以上不降雨或在梅雨季节刚结束的高温干燥期等，要在土壤变得干燥后补充水分。夏天在地温下降后的傍晚浇水，冬天在地温上升前的上午浇水。一次的浇水量要浇湿 5~10 厘米深的土层。如果土壤不吸水，轻微翻耕后浇水。

缺水会导致根部无法生长，肥料也无法吸收，植株变弱。干燥时期，有必要铺上干草和塑料薄膜，防止土壤干燥。铺干草和塑料薄膜还能避免降雨或浇水后的高温带来的闷热，降低病虫害的发生率。因此，在梅雨季节和秋天多雨的时期，最好铺干草或塑料薄膜。

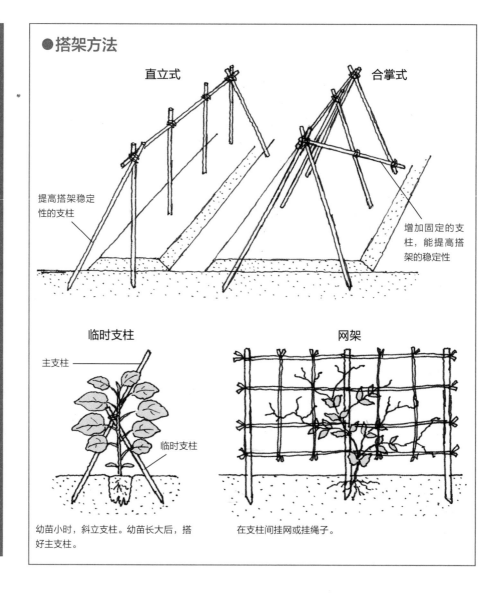

●搭架方法

直立式　　　　　　合掌式

提高搭架稳定性的支柱

增加固定的支柱，能提高搭架的稳定性

临时支柱

主支柱

临时支柱

幼苗小时，斜立支柱。幼苗长大后，搭好主支柱。

网架

在支柱间挂网或挂绳子。

为促进茎叶和藤蔓生长，需要有稳定的搭架

有些蔬菜会长出柔软的藤蔓，在茎叶顶端结出果实，需要搭架支撑蔬菜的生长。幼苗小时，用小的临时支柱支撑幼苗，幼苗长大后，搭好主支柱，比起后期使用稳定性强的合掌式搭架，从一开始就使用主支柱会更轻松。

合掌式是将支柱倾斜交叉后固定。稳定性好，可以防止土壤干燥，但是通风会变差。直立式的搭架需要花费许多精力，不影响日照，但是容易被风吹倒，用水平的支柱固定会更好。在搭架上挂网或挂绳子的搭架是网架，适合会长出许多藤蔓的黄瓜等蔬菜。还可以利用已有的栅栏等。将支柱深深插入土壤内，重要的是将搭架固定好。

藤蔓长出后，如果不好好管理，藤蔓会互相缠绕。要避免藤蔓、根茎缠绕，引缚藤蔓向搭架生长，用塑料胶带、绳子等固定藤蔓。番茄等蔬菜的藤蔓会越长越粗，固定时留出生长空间。

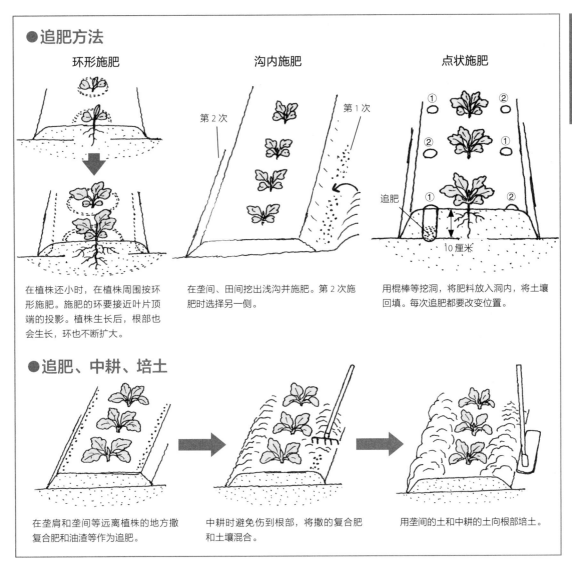

● 追肥方法

环形施肥

在植株还小时，在植株周围按环形施肥。施肥的环要接近叶片顶端的投影。植株生长后，根部也会生长，环也不断扩大。

沟内施肥

第 2 次
第 1 次

在垄间、田间挖出浅沟并施肥。第 2 次施肥时选择另一侧。

点状施肥

① ②
② ①
追肥
① ②
10 厘米

用棍棒等挖洞，将肥料放入洞内，将土壤回填。每次追肥都要改变位置。

● 追肥、中耕、培土

在垄肩和垄间等远离植株的地方撒复合肥和油渣等作为追肥。

中耕时避免伤到根部，将撒的复合肥和土壤混合。

用垄间的土和中耕的土向根部培土。

补充被消耗的基肥，追肥促进后期的生长

一般，蔬菜在最初施足基肥后，能够促进早期的生长。许多蔬菜品种不用追肥，但是氮和钾容易随着雨水流失，生长期长的蔬菜需要追肥。

生根后的 2 周，蔬菜吸收基肥，生长顺利，开始追肥。肥料是被根部的顶端吸收的，注意不要在根茎附近直接施肥，在根部顶端附近（叶片顶端在地面的投影附近）铺的表土上施肥。一开始是在植株的周围，然后朝植株之间和垄肩等地方施肥。需要多次追肥，每次追肥间隔 2 周到 1 个月，避免肥料过多。此外，白菜、甘蓝等结球型叶菜类，需要在结球未长大前完成追肥。果菜类在梅雨时期等吸收过多肥料，会导致结果情况变差。

追肥一般使用粒状的复合肥，少量播撒。如果是在种植数量少的栽培箱内，还可以使用液体肥料代替浇水。铺了干草和塑料薄膜，在叶片生长后看不到地面时，在干草上和垄间施肥。

追肥后需要中耕、培土

降雨后，土壤会逐渐结块。时不时用锄头将表土削薄，翻耕，保持土壤的松软，补充空气。由

于此时根系已经长出来了，翻耕不能过深，要进行"中耕"。

中耕过程中，将翻耕的土和垄间的土向根部培土。培土能使植株生长稳固，排水也会更好。对根部膨大生长的蔬菜，若不进行培土，则生长不充分，收获也不好。对于豌豆、毛豆、葱类等蔬菜，培土是关键的一环。此外，通过培土，根菜类蔬菜地下的部分会越长越大，如果培土做得不好，蔬菜的品质会下降。

追肥时，将肥料和土壤混合，中耕，将混合的土向根部培土。追肥、中耕、培土是一系列的养护作业。

●除草的方法

①用手拔掉大的杂草，不能留根。之后用镰刀收割小的杂草。

②用锄头削薄土壤表面，除掉小杂草。避免伤到蔬菜的根部。

●摘心和摘芽

侧芽生长后，开始摘心

摘掉顶端的叶片，下面的侧芽会生长

不需要的侧芽在未长大前摘除

嫁接苗的芽生长

嫁接苗

砧木

摘掉砧木上的芽

认真除草，防治病虫害，提高土壤质量

中耕作业对除杂草也有用。中耕前，如果不将杂草连根拔起，杂草还会不断生长。除草后，铺干草或塑料薄膜，也可以抑止杂草生长。

杂草会夺走土壤养分，关键在于早期除去杂草。但是，杂草也可以抑制土壤干燥，还能吸引病虫害的天敌，可以作为防治病虫害的一环。为此，需要栽种生命力旺盛的蔬菜，培养出不输于杂草的强健植株。

摘芽限制茎叶数量，摘心增加叶片数量

茎叶和枝条过多会导致养分分散，采收的果实和叶片可能发育不充分。摘芽是指摘掉不需要的芽，整枝是剪掉长出的枝叶。

此外，摘心是通过阻止茎叶的生长，促进侧芽生长，增加叶片数量。通过摘芽、整枝、摘心，控制茎叶的数量和大小，目标是为了得到更大的采收量。

钉齿耙
铁铲
锄头
移植铲
喷雾器
镰刀
支柱
喷水壶
全自动式喷雾器
软管
绳子

从必需的工具到提高效率的工具

锄头 做垄、中耕、培土、除草等养护作业会用到的必需工具。选择钢材制造、质量好的锄头。

铁铲 用于挖土、翻耕等，撒肥料、制作堆肥时也会使用。

移植铲 幼苗定植、精细作业时替代锄头使用。

钉齿耙 在田垄和平床上使用，除去不需要的茎叶和杂草。

喷水壶 菜园面积大时，选择容量大的喷水壶。为避免种子被冲走，需要调整出水量。

软管 干旱时，只使用喷水壶浇水会很花费精力。将软管与可拆卸式的出水口安装在一起，用于浇水。夏天，先将软管内积存的水全部倒完以后再使用。

喷雾器、喷壶 在喷洒农药时使用。向花喷洒植物生长调节剂和局部喷洒农药时，要用到手持喷壶。大面积喷洒农药时，要使用半自动或全自动式喷雾器。

其他 镰刀、剪刀、桶、卷尺等。根据栽培方法不同，还需要用于固定的绳子、胶带，以及育苗盆、支柱、塑料薄膜、塑料薄膜罩、塑料棚、寒冷纱等。

1年生草本植物　从发芽到开花、枯死等发生在1年以内的植物。在日本，由于气候的影响，许多多年生草本植物也被当作1年生草本植物，许多蔬菜都是1年生草本植物。

pH　表示酸碱度的单位。0是酸性的最高值，14是碱性的最高值，7是中性。

YR　Yellow Resistance，抗黄萎病。

矮生种　由于品种改良等，比同种植株更矮小、果实更小的种类。使用生长调节剂也能培育出矮生种。

保肥性　土壤吸持和保存植物养分的特性。

表土　土壤最上层的部分。指基肥和苗的根部之间，不含肥料成分的土。防止根部被肥料烧伤。

补充栽培　从春天到夏天，在普通栽培以外进行的栽培。

草木灰　参考第166页的"施肥和肥料"。

侧芽　侧芽着生在茎的顶端以外的节处。大多长在叶片基部的上侧，又称腋芽。

侧枝　从真叶的生长点长出主茎，再从主茎上长出来的各级分枝。

长日照植物　每天需要照射超过一定时间的阳光才能开花的植物。

赤玉土　干燥后的红土，是兼具细颗粒、大颗粒，排水性、储水性、通气性好的酸性土，被用于定植等。

冲积土　由冲积物形成的土壤。经常出现在河口附近的三角洲地带和海岸的低洼地带等。

抽薹　花茎生长并开花。抽薹的条件有日照变长、气温上升等，根据植物种类不同而有所变化。

初霜　冬天，第一次下霜。日本东京附近一般是11月下旬出现初霜，栽培时可作为参考。

除草　参考第186页的内容。

床土　育苗用的优质土。排水性、储水性、通气性好的无菌土。

雌雄异花　只有雄蕊的雄花和只有雌蕊或有退化的雄蕊的雌花，分别开放的性质。多见于葫芦科。

催芽　在不是发芽温度的时期播种，针对发芽困难的种子，以人为的方法打破种子休眠，使其发芽的方法。

打破休眠　将进入休眠状态的植物，通过低温或高温唤醒，人工改变其生长期。

单元肥料　肥料中只含有一个种类的肥料成分。

第1朵花　植株开出的第1朵花，也叫首花。

点播　隔开合适的距离，播撒数粒种子。

定植　将幼苗移植到未来采收的地点。

定植根伤　定植时伤害根部，会影响生长，导致枯萎。

短日照植物　在昼夜周期中，日照时间必须短于一定时数才能诱导其开花的植物。

堆肥　参考第165页的"施肥和肥料"。

翻耕　持续栽培后，交换表土和深层的心土。

翻土　为种植蔬菜，翻耕土地。

肥料烧根　高浓度的肥料成分导致的烧根。

分球　球根植物生长后增加的球根。

分株　将生长的蔬菜分成几株，分别培育的营养繁殖方法。

腐殖土　落叶等堆积，经过发酵腐熟形成的土壤。可用于改良土壤，还可以用于覆盖地面。

复合肥　同时具有氮、磷、钾3种养分或至少有2种以上成分的化学肥料。

覆盖地面　覆盖田垄，可以提高地温，抑制土壤干燥和杂草生长，以及病虫害的发生。

覆土　在种子上面覆盖的土。使用种植地的土壤或与砂土混合后的土。一般覆土厚度为种子直径的2~3倍，发芽时不喜光的种子可以盖得更厚，小种子可以不用覆土。

改良土壤　中和土壤酸性，倒入堆肥，使土壤适合种植蔬菜。

高垄　比普通垄高的垄。

根菜类　食用膨大的根部的蔬菜，如胡萝卜、马铃薯、甘薯类等。

根瘤菌　能与豆科植物共生形成根瘤，并将空气中的氮还原成氨供植物营养的一类革兰阴性菌。

根坨　育苗后，根与根之间部分的土。在育苗盆内种植时，则是指育苗盆内的土。在苗床上种植时，则是指与根部一起挖出来的土。

耕作层　经耕作熟化的表土层。根部生长、施用肥料的上层土壤。

骨粉　参考第166页"施肥和肥料"。

灌水　向土壤和植物浇水。

果菜类　食用果实的蔬菜。在本书中虽然是分开介绍的，但一般也包含豆类、水果等。

寒肥　为了使植株拥有抗寒能力施用的肥料。

寒冷纱　网状织物。可用于遮光，根据网格大小，遮光率也有所不同。还可用于防旱、防寒、防暑、防风、防虫。

行距　按行播种的种子和定植的幼苗，每行之间的距离。一般指一块地块的内部行距，有时也会用于指代垄与垄之间的距离。

黑土　在日本指黑色的火山灰土，是一种排水、储水好，肥沃的酸性土。

胡萝卜素　可以在人体内合成维生素A的色素。绿黄色蔬菜大多富含胡萝卜素。

花茎　不长叶片，为了开花而生长的茎。

花芽分化　植物茎生长点分化花芽的过程。与日照时长、温度条件、植物的成熟度有关。

缓释肥料　肥料养分缓慢释放，肥效持久，不容易出现肥料烧根的现象。一般多为有机肥料、IB化肥等。

鸡粪　参考第166页的"施肥和肥料"。

基肥　在播种和定植前，事先施用的肥料。

忌地　即连作障碍。

钾　参考第164页的"施肥和肥料"。

架风障　在播种后、育苗中，在田垄上架上寒冷纱等具备通气性的织物，不仅可以防寒、防风，还具有防虫效果。

间苗　从发芽后的幼苗里，拔掉不需要的幼苗，留下能好好生长的幼苗。从长出真叶开始间苗，最后一次间苗时确定株距。

剪枝　根据目的剪去枝叶的作业。将拥挤的枝条整理并剪除，比如为更新茄子的枝叶而剪枝。

节间　2个相邻的叶片生长点（节）之间的距离。

结果　受精的子房长大后，结出果实和种子。

结球　叶片不断变圆卷曲，最后结成硬球。甘蓝、白菜等会发生结球。

抗病品种　对病害的抵抗力强的品种。通过品种改良，培育的品种大多是针对某一种病害的抵抗力强。

空心　萝卜、芜菁等根菜类，根内部出现空心。采收过晚容易导致空心。

苦土石灰　含有苦土（镁）和石灰（钙），用于调整酸碱度的土壤改良材料。

礼肥　开花后和采收后，为恢复植株活力施用的肥料。

连作　在同一个地方连续种植同一个种类的植物。参考第170页的"菜园规划"。

连作障碍　由于连作引起的生长受抑制的现象。参考第171页。

莲座状叶丛 短茎上的叶片排列成莲花状的状态，有利于避开冬天的寒冷，得到充分日照。

裂根 根部出现裂痕。过晚采收时容易出现。

裂果 果实出现裂痕。水分供应的急剧变化引起的现象。

磷 参考第 164 页的"施肥和肥料"。

垄 栽植幼苗等的地点。

露地栽培 在户外进行栽培。在自然条件下，不使用塑料棚等的栽培。

轮作 在采收蔬菜的地方，种植其他蔬菜。参考第 170 页"菜园规划"。

霉菌 属于真菌。霜霉病、枯萎病等的病原体都是霉菌。

苗床 在定植前培育幼苗的地方。通过移植栽培来培育蔬菜。

黏土 按国际土壤质地分类标准，黏土指颗粒直径在 0.002 毫米以下的土壤。

培土 将土堆在植株根部。可以使植株稳定生长，促进根部发育，增强抗寒性。

铺干草 地面覆盖的一种。将干草等覆盖在田畦内、植株周围。可以防止土壤干燥，抑制雨后返晴的高温、杂草的生长，防寒。

匍匐茎 平卧地面蔓延生长的茎。多发于草莓等。

浅种 种植幼苗等，控制在根不露出地表的程度，种得很浅。在排水不好的地方，浅种对幼苗有好处。反之，根茎被土壤部分掩埋的程度，则被称为深种。

缺水 植物缺水的状态。

软化栽培 遮光后，绿色茎叶的一部分或全部变白的栽培方法。多见于西芹、葱、生姜等品种。也叫软白栽培。

撒播 把种子均匀地撒在播种地点的一种播种方法。

上盆 从栽培箱和育苗盆、苗床移栽幼苗至盆中培育。

生理障碍 不是病害，但是根的生长被阻碍，微量元素不足等引起的症状。如番茄的脐腐病、白菜的干烧心病等。

生长调节处理 用植物生长调节剂（赤霉素等）调整开花和结果的时期等。起促进或抑制生长的效果。

生长调节剂 促进或抑制植物生长的药剂。如赤霉素等。

施肥 施用肥料。

石茄 坚硬，没有光泽的茄子。开花期遇到低温等，易形成单性结实果，用生长调节剂处理也易变成石茄。

水培 将植株的根部放入含肥料成分的水中，不使用土壤的栽培方式。

塑料薄膜 用塑料薄膜完成地膜覆盖。参考第 177 页。

塑料薄膜罩 在播种、定植后，使用可以覆盖好几株的半圆形塑料罩。幼苗生长后，将塑料薄膜破开，使幼苗逐渐习惯外部环境。

塑料棚 播种、定植后，在田畦内搭架，挂上塑料薄膜，可防寒。确保塑料薄膜上有换气孔，避免棚内闷热。

藤蔓疯长 藤蔓不断生长，但是不开花、不结果。常见于南瓜和西瓜。

天敌 对栽培植物的害虫来说的外敌。对植物来说是好伙伴。

田土 耕作土壤。指田畦里的土。黏性高，储水好，肥力高，病虫害少。

条播 按条带状播种沟播种的方法。

贴地生长 茎、藤沿地面生长的性状。不用搭架，但需要覆盖地膜。

土壤酸化 由于植物生长、施肥等原因引起的土壤酸度提高的现象。由于大量使用化学肥料，无机盐类伤到植物根部，还会使土壤酸化。

团粒结构 土壤小粒聚集成大粒。呈团粒结构的土壤间隙大，可以储存水分、养分、空气。

完熟堆肥 肥料的原材料充分腐熟后，味道和原本的形状都改变的肥料。

晚霜 出现在入春以后至终霜之间的霜。

稳定品种 能将母株的性状遗传给子株的品种。播种时，种子的性状相同。

无菌苗 用生长点等培育的没有被病毒病菌感染的幼苗。

心土 表土和底土之间的一层土壤。是没有翻耕或施肥，就难以接触到的下层土壤。

需暗种子 光线照射后，就发芽困难的种子。如葫芦科的大部分植物和萝卜等。

需光种子 没有光线照射，就很难发芽的种子。覆土厚也会导致无法发芽。

压土 播种、覆土后，用手或木板压实土壤，或者用脚轻踩地面，使种子和土壤密切接触，防止土壤干燥，促进发芽。

盐胁迫 土壤或介质中盐分过多对植物造成的毒害作用。由于肥料等养分浓度过高导致的根部障碍。

液体肥料 也叫液肥，肥料是液体状的。作为有机肥料，则指含油渣等的腐熟液。

一代杂交种 杂种一代，又被称为F1代。植物通过杂交直接培育获得的第一代的子品种，是性状稳定的杂交种。

移栽 从播种的地方，将幼苗移栽到培育的地方。

引缚 将茎叶、藤蔓有计划地向搭架方面牵引。

营养繁殖 采用扦插、嫁接等方式，不播种，而是通过营养器官或组织繁殖的植物。与播种培育的蔬菜不同。

油渣 参考第166页的"施肥和肥料"。

有机肥料 以有机质为原料的肥料。参考第164页"施肥和肥料"。

有机蔬菜 不使用化肥和农药的蔬菜。日本的法律对市面上销售的有机农作物有明确定义。

育种 改良品种，以提高采收量和抗病性，提升味道。

栽培方式 培养蔬菜的时期和方法。如促成栽培、秋种冬收、水培等。

摘心 摘去茎叶和枝叶的生长点（顶端、顶芽）。阻止茎叶生长，使侧芽生长发育，增加侧枝数量。

摘芽 摘除不需要的芽，以调整开花和结果的数量。

砧木 嫁接时承受接穗的植株，带根。为避免土传病害，可以用其他植物作为容易出现连作障碍的蔬菜的砧木。

直播 不经育苗直接播种种子。不喜移栽的蔬菜，可以在适宜发芽的条件下直播。

直立性 茎、藤蔓向上生长的性质。

中耕 蔬菜生育期间在株行距间进行的松土除草作业。可避免降雨等导致的土壤板结，增加土壤中的空气含量。

种皮坚硬 由于种子皮厚，难以吸收水分，难以发芽。用温水泡种子，或破皮后催促发芽。

株距 植株与植株的间距。根据种类不同，生长所需要的土壤量也不同，各种蔬菜的株距各不相同。

主蔓、子蔓、孙蔓 从真叶的生长点开始生长的是主蔓，侧枝是子蔓，子蔓的侧枝是孙蔓。

追肥 播种、定植后，在新一轮生长前施用的肥料。大部分使用速效性肥料。

子房 雌蕊的花柱和花托间凸出的部分。授粉后，子房内的胚珠会变成种子。

自然杂交种 自然界中的杂交品种。多见于香料类植物。

自制堆肥 通过厌氧微生物使有机肥料和土壤发酵的自制肥料。肥料养分含量高，是一种高品质的堆肥。抗病虫害能力强。用2千克油渣和鸡粪、骨粉、米糠各1千克，放入厨余垃圾和消臭的木炭，加入4升水混合后，分层放入土壤并密封。每周混合1次，1~2个月制作完成。

做垄 在种植蔬菜的地方挖好田垄。垄宽、垄间距（植株和附近田垄的植株之间的距离）会根据蔬菜品种而变化。

培育家庭菜园可以带来多种乐趣，比如能在菜园里培育少见的或地域限定的蔬菜品种，又比如能让自己和家人享受美味的蔬菜。本书以易于理解的方式讲解如何种植70种常见的蔬菜，每种蔬菜都配有从田间准备到收获的实际照片或插图，包括播种、定植、搭架、摘心、施肥、修剪、病虫害防治、采收等基础作业，浅显易懂、实用性强，能让读者一目了然，很快掌握其中的技巧，即使是第一次种植蔬菜的人，也可以成功地收获美味蔬菜。对于种植蔬菜的初学者，本书可以作为必备的指南。

Original Japanese title: はじめてでも失敗しない野菜づくりの基本100
Copyright © SHUFUNOTOMO CO., LTD. 2018
Originally published in Japan by Shufunotomo Co., Ltd
Translation rights arranged with Shufunotomo Co., Ltd
Through Shanghai To-Asia Culture Co., Ltd.

本书由主妇之友社授权机械工业出版社在中国大陆地区（不包括香港、澳门特别行政区及台湾地区）出版与发行。未经许可之出口，视为违反著作权法，将受法律之制裁。

北京市版权局著作权合同登记 图字：01-2020-1899号。

原书：
封面设计／川尻裕美
正文排版／鸟居满
协助拍摄／ARSPHOTO企划、武川政江
插图／堀坂文雄、群境介
校对／大塚美纪（紧珍社）
协助编辑／中村清子、田渊增雄
责任编辑／八木国昭（主妇之友社）

图书在版编目（CIP）数据

新手种菜零失败：从入门到精通／（日）新井敏夫监修；夏雨译.
— 北京：机械工业出版社，2022.4（2025.1重印）
ISBN 978-7-111-44802-0

Ⅰ.①新… Ⅱ.①新… ②夏… Ⅲ.①蔬菜园艺 Ⅳ.①S63

中国版本图书馆CIP数据核字（2022）第017420号

机械工业出版社（北京市百万庄大街22号 邮政编码100037）
策划编辑：高 伟 周晓伟 责任编辑：高 伟 周晓伟 刘 源
责任校对：史静怡 贾立萍 责任印制：单爱军
保定市中画美凯印刷有限公司印刷

2025年1月第1版·第3次印刷
182mm×257mm·12印张·335千字
标准书号：ISBN 978-7-111-44802-0
定价：65.00元

电话服务   网络服务
客服电话：010-88361066   机 工 官 网：www.cmpbook.com
         010-88379833   机 工 官 博：weibo.com/cmp1952
         010-68326294   金 书 网：www.golden-book.com
封底无防伪标均为盗版   机工教育服务网：www.cmpedu.com